高等院校土建类创新规划教材　建筑学系列

建筑设计基础

舒平　连海涛　严凡　李有芳　编著

清华大学出版社

北　京

内容简介

本书为"高等院校土建类创新规划教材"之一。建筑设计基础既是建筑学专业的第一门专业课程,又是学生迈入建筑学领域的第一步和至关重要的一步。作为建筑学的启蒙教材,如何通过教材的设计来系统地整合繁杂的知识点、启发学生的学习兴趣、培养学生的设计创新能力、提升教育教学水平、优化应用型人才培养目标,是此次教材编写的主要目的。

本书从通识性的"设计思维"出发,以对"空间""材料"与"建构"的综合讲解为主题,便于初学者直观性地了解、运用设计思维的模式,全面性地掌握建筑空间的设计原则,探索性地思考材料、建构等实际操作问题。

本书结构清晰、图文并茂、案例丰富贴切、语言简洁易懂,既可作为高等院校土建专业的教材,又可作为建筑爱好者进行自我提升的阅读材料。

图书在版编目 (CIP) 数据

建筑设计基础 / 舒平等编著 . —北京:清华大学出版社,2018(2022.7重印)

(高等院校土建类创新规划教材 建筑学系列)

ISBN 978-7-302-50636-2

Ⅰ. ①建… Ⅱ. ①舒… Ⅲ. ①建筑设计—高等学校—教材 Ⅳ. ① TU2

中国版本图书馆 CIP 数据核字 (2018) 第 189286 号

责任编辑:桑任松　陈立静
装帧设计:杨玉兰
责任校对:石　伟
责任印制:杨　艳

出版发行:清华大学出版社
　　　　　网　　址:http://www.tup.com.cn, http://www.wqbook.com
　　　　　地　　址:北京清华大学学研大厦 A 座　　邮　　编:100084
　　　　　社总机:010-83470000　　　　　　　邮　　购:010-62786544
　　　　　投稿与读者服务:010-62776969, c-service@tup.tsinghua.edu.cn
　　　　　质量反馈:010-62772015, zhiliang@tup.tsinghua.edu.cn
　　　　　课件下载:http://www.tup.com.cn, 010-62791865

印 装 者:小森印刷(北京)有限公司
经　　销:全国新华书店
开　　本:185mm×260mm　　　印　张:13.75　　　字　数:345 千字
版　　次:2018 年 9 月第 1 版　　　　　　　印　次:2022 年 7 月第 9 次印刷
定　　价:59.00 元

产品编号:065812-02

前言 · PREFACE

　　本书为"高等院校土建类创新规划教材"之一。建筑设计基础既是建筑学专业的第一门专业课程，又是学生迈入建筑学领域的第一步和至关重要的一步。作为建筑学的启蒙教材，如何通过教材的设计来系统地整合繁杂的知识点、启发学生的学习兴趣、培养学生的设计创新能力、提升教育教学水平、优化应用型人才培养目标，是此次教材编写的主要目的，因此本书力求实现以下特点。

　　首先，内容翔实、便于教学。本书从通识性的"设计思维"出发，以对"空间""材料"与"建构"的综合讲解为主题，便于初学者直观性地了解、运用设计思维的模式，全面性地掌握建筑空间的设计原则，探索性地思考材料、建构等实际操作问题。

　　其次，架构清晰、新颖生动。本书采用了大量的表格模式，将众多知识点与实例图片相结合，分类列举、比照讲解，便于初学者生动、直观地进行学习。

除了建筑学经典案例之外，本书还甄选了大量新建实例和近年来建筑学最新的发展成果。

最后，时代性强、适用性广。本书参考了国内外知名院校的建筑基础教育体系，结合各高校实际教学需要，一方面对传统"建筑初步"课程内容进行了优化与提炼，另一方面补充了关于行为模式、探索感知、材料建构等方面的内容，提升了以人为本的时代性教育诉求，密切了教材同教学实践的联系。

为满足阅读与教学需求，本书的电子课件及内文图片可在清华大学出版社官网上进行下载。

本书由舒平（河北工业大学）、连海涛（河北工程大学）、严凡（河北工业大学）、李有芳（河北工业大学）编著，参与编写的老师及其分工如下。

第一章，由杨培（河北工业大学）编写。第二章中，第一、三节由李有芳编写；第二节由史艳琨（河北工业大学）编写；第四节由严凡编写；第五节由连海涛编写；第六节由聂微（河北工程大学）编写；第七节由魏丽丽（河北工程大学）编写。第三章中，第一节由任登军（河北工业大学）编写；第二节由赵春梅（河北工业大学）编写；第三节由聂蕊（河北工业大学）编写；第四节由侯薇（河北工业大学）编写。

因编者理论和实践水平有限，书中难免会有缺点和疏漏之处，恳请广大读者不吝指正。

编　者

・ CONTENTS ・

目 录

第一章　设计思维 ························· **1**

第一节　何谓设计思维 ························3

第二节　如何提升设计思维 ····················6

　　一　设计思维与洞察力 ··················6

　　二　设计思维与发散思维 ················8

第三节　设计思维的跨领域教育 ··············11

　　一　设计思维"新"在何处 ··············11

　　二　设计思维的各步骤 ·················13

第二章　解读空间 ························· **17**

第一节　空间定义 ·························19

　　一　空间 ·······················19

　　二　空间之于建筑 ················20

第二节　空间的概念与分类 ···············22

　　一　空间的分类 ················22

二　空间的组成 ·············· 33

三　空间的形态与体量 ·············· 36

四　规则与不规则几何形体 ·············· 39

第三节　空间构成类型 ·············· 45

一　静态与动态空间 ·············· 45

二　开敞与封闭空间 ·············· 54

三　结构空间与虚拟空间 ·············· 57

四　交错空间与共享空间 ·············· 63

第四节　空间的感知 ·············· 67

一　空间的感知问题 ·············· 67

二　建筑历史上对待空间的不同态度 ·············· 67

三　平面上空间的感知 ·············· 68

四　基本的形式要素与空间的感知 ·············· 71

五　视觉的生理机制与知觉力 ·············· 72

六　隐含形状与透明空间 ·············· 73

七　连续空间的三种状态 ·············· 74

第五节　空间与行为 ·············· 77

一　行为的定义 ·············· 77

二　空间是行为的容器 ·············· 78

三　行为决定空间 ·············· 80

四　空间对行为的诱导与制约 ·············· 83

第六节　空间与场所 ·············· 85

一　场所理论 ·············· 85

二　场所精神 ·············· 88

三　地域特征 ·············· 90

四　场所特性 ·············· 94

五　象征 ·············· 96

第七节　空间与环境……………………………… 101

　　一　环境的含义与分类…………………… 101

　　二　空间与环境的关系…………………… 102

　　三　空间与人的关系……………………… 102

　　四　空间环境与人的感受………………… 103

　　五　空间与光……………………………… 104

　　六　空间与水……………………………… 115

　　七　空间与风……………………………… 121

　　八　空间与环境…………………………… 127

第三章　材料与建构 ……………………… 129

第一节　材料认知………………………………… 131

　　一　混凝土………………………………… 132

　　二　砖与石………………………………… 135

　　三　玻璃与钢……………………………… 137

　　四　木材…………………………………… 139

　　五　其他材料……………………………… 140

第二节　材料与设计……………………………… 142

　　一　材料的意义…………………………… 142

　　二　材料与空间…………………………… 142

　　三　材料与设计…………………………… 143

　　四　材料的设计特征……………………… 144

　　五　材料的设计思维……………………… 148

第三节　材料与表现……………………………… 156

　　一　材料与形体…………………………… 157

　　二　材料与色彩…………………………… 161

三 材料与肌理 ………………………… 169

四 材料与透明性 ……………………… 181

第四节 建构 ……………………………… 186

一 建构的视野与思考方法 …………… 186

二 建筑师的建构逻辑 ………………… 193

三 材料＋结构＋建造 ………………… 199

参考文献 ……………………………… 209

第一章

设计思维

DESIGN
THINKING

第一节
何谓设计思维

设计的核心是提出新方法、解决新问题。问题的出现是层出不穷的，解决的方案也各具特色。究其本质，是设计师运用其洞察力，从某一角度或原则切入，运用溯因推理，创造性地构建领域知识的新结构、新联系，为每个结构不良问题的解决提供独特的思路。

作为一种思维的方式，设计思维（Design Thinking）被普遍认为具有综合处理问题的能力，能够理解问题产生的背景、催生洞察力及解决方法，并能够理性地分析和找出最合适的解决方案。在当代设计和工程技术当中，以及商业活动和管理学等方面，设计思维已成为流行词汇的一部分，它还可以更广泛地应用于描述某种独特的"在行动中进行创意思考"的方式，在 21 世纪的教育及训导领域中有着越来越大的影响。在这方面，它类似于系统思维，因其独特的理解和解决问题的方式而得到命名。

目前，在设计师和其他专业人士当中有一种潮流，他们希望通过在高等教育中引入设计思维的教学，唤起对设计思维的意识。其假设是，通过了解设计师们所用的构思方法和过程，通过理解设计师们处理问题和解决问题的角度,个人和企业都将能更好地连接和激发他们的构思过程，从而达到一个更高的创新水平，期望在当今的全球经济中创建出一种竞争优势（如图 1-1）。

图 1-1　设计思维

20 世纪（和较早时）的很多设计活动都可以被视为"设计思维"，而这个词是在 20 世纪 80 年代，随着人性化设计的兴起而首次引起世人瞩目的。在科学领域，把设计作为一种思维方式的观念可以追溯到赫伯特·西蒙（Herbert A. Simon）于 1969 年出版的《人工制造的科学》一书；在工程设计方面，更多的具体内容可以追溯到罗伯特·麦克金姆（Robert McKim）于 1973 年出版的《视觉思维的体验》一书。

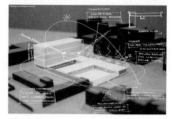

图 1-2　填充进许多参数的新解决方案

在 20 世纪八九十年代，罗尔夫·法斯特（Rolf Faste）在斯坦福大学任教时，扩大了麦克金姆的工作成果，把设计思维作为创意活动的一种方式进行了定义和推广，此活动通过他的同事大卫·凯利（David M. Kelley）得以被 IDEO 的商业活动所采用。彼得·罗维（Peter Rowe）于 1987 年出版的《设计思维》一书，是首次引人注目地使用了"设计思维"这个词语的设计文献，它为设计师和城市规划者提供了实用的解决问题程序的系统依据。1992 年，理查德·布坎南（Richard Buchanan）发表了文章，标题为《设计思维中的难题》，表达了更为宽广的设计思维理念，即设计思维在处理人们在设计中的棘手问题方面已经具有了越来越高的影响力。今天，在对设计思维的理解和认知方面，已经引起了学术界和商业界相当多的关注。

设计思维是一种方法论，用于对未明确定义的问题提供实用和富有创造性的解决方案。在这方面，它是一种以解决方案为基础的，或者说以解决方案为导向的思维形式。它不是从某个问题入手，而是从目标或者要达成的成果着手，然后通过对当前和未来的关注，探索问题中的各项参数变量及解决方案。

这与科研的方式有所不同，科研的方式是先确定问题的所有变量，再来确定解决方案。而设计思维正相反，它是先设定一个解决方案，然后确认能够使目标达成的足够多的因素，使通往目标的路径得到优化，因此可以说，解决方案实际上是解决问题的起始点。

我们通常会有一个明确的设计目标，在完成设计达到这个目标的过程中，设计师会遇到重重阻碍和挑战。这些挑战有的来自其他学科，比如新材料、新技术的开发与应用；有的来自本学科，比如形态、材料、色彩、空间等。设计师只有突破了这些设计约束的束缚，才能最终完成设计作品。对于设计思维的培养问题就因此从虚无缥缈的设计师个人经验的复制和积累，转化为两个操作性较强的能力培养：一是设计师发现问题的能力，即能够确定一个有价值的设计目标为导向；另一个是设计师需要了解其他学科的最新进展，具有多元化的知识体系，并在本学科内能够很好地处理形态、材料、色彩、空间等几大设计因素。这也印证了歌德所说的"戴着镣铐跳舞"的境界。身为设计师，最应具备的是在重重限制与阻碍下仍能巧妙地、不打折扣地实现设计目标的"舞蹈"的能力。在这里，我们需要转变原有的观点，不要把作用于形态、材料、色彩和空间上的设计约束看作是洪水猛兽，而应顺势而为、因势利导，最大限度地利用它们、用好它们，使之成为设计的助力。

例如，一位客户拜访一家建筑公司，在此之前已看过该公司建好的房子。客户已经购买了一块"完美"的土地，要求该公司在此地建造一所同样"完美"的房子。设计师就要构思出一个解决方案作为起始点，填充进许多参数（如工地的坡度、朝向、景观、家庭需要、未来需求等），以便专门针对这位新客户、新地点、新需求、新风格等因素，在原有的框架基础上，创造出一个新的解决方案（如图 1-2）。

第二节
如何提升设计思维

如何提升设计思维呢？首先，要想得不同，具有创新思维（也称为"创造性思维"）。关于创新思维有狭义和广义两种不同的解读。狭义的创新思维是指：建立新理论、发明新技术等思维活动，它强调思维成果的独创性，并能得到社会承认、产生巨大社会经济效益。广义的创新思维是指：思考自己所不熟悉的问题、且缺乏现成经验和思路的思维活动，它强调思维的突破，所思考的问题对思维者是生疏的、没有固定思维程序和模式的。

■ 一 设计思维与洞察力

作为设计思维中的重要一环，观察力至关重要。培养学生敏锐、全面的观察能力，从不同视角、不同维度获取对熟悉的生活场景的再认识，对于后续设计流程的展开非常关键。这取决于设计者对生活的感悟和感受能力。我们倡导用力地生活、深刻地体验，充分强化生活带给我们的一切感受，并在已经面对这个熟悉的世界约 20 年之后还能唤醒生活的热情，像新生儿一样对生活保有强烈的好奇心。在此特别强调发现认识的"再一次"（有别于我们之前积累的"第一次认识"），捕捉到日常被忽略的细节和

被漠视的环境，或从一个新的视角去探索身边的人、物、
环境、行为等，从而得到"新"发现（如图1-3至图1-4）。

图1-3 "校园再发现"课程作业

图 1-4　两位德国摄影师为柏林爱乐乐团拍摄的宣传海报，通过微距摄影来表现乐器内部的世界

三　设计思维与发散思维

发散思维（Divergent Thinking）又称辐射思维、放射思维、扩散思维或求异思维，是指大脑在思维时呈现的一种扩散状态的思维模式，它表现为思维视野广阔、思维呈现出多维发散状。发散思维是创造性思维最主要的特点，是决定创造力的主要标志之一。发散思维是从一个问题出发，突破原有的知识圈，充分发挥想象力，经不同途径、不同角度去探索，重组当前信息与记忆信息，产生新的有价值信息，最终使问题得以圆满解决的思维方法。

发散思维是对人们思维定势的一种突破，是启发大家从尽可能多的角度观察同一个问题，所采用的思维方法不受任何限制的思维活动。它是人类思维活动向多方向、多层次、多视角展开的过程。

专家对学生做了一个测试，请他们在 5 分钟内说出红砖的用途，学生的回答是：盖房、建礼堂、建教室、铺路、搭建狗窝等。他们说出了各种类型的建筑物，但始终离不开砖作为建筑材料的用途，而这只是红砖的一种用途。红砖还有硬度、重量、颜色、形状等不同的特性，从这些特性展开，红砖的用途就可以拓展到许多领域，如压纸、揿钉子、支书架、锻炼身体、作平衡物、作红颜料、用于建筑装饰（如图1-5）等。

发散思维的特点包括：思维的流畅性、思维的变通性、思维的独特性。

1. 思维的流畅性

思维的流畅性是指人们在遇到问题时，能够在规定的时间内按要求表达出足够多的信息。它是思维发散"速度"的指标（单位时间的量），是思维发散"量"的指标。

2. 思维的变通性

思维的变通性是指发散思维的思路能迅速地转换、变化多端、举一反三、触类旁通，从而提出新观念、新方法及解决问题的方案。变通性是发散思维"质量"的指标，表现了发散思维的灵活性。

图1-5　红砖用于建筑装饰

3. 思维的独创性

思维的独创性是指发散思维成果的新颖、独特、稀有等特点，是发散思维的本质和灵魂，属于最高层次。独创性也可称为新颖性、求异性，是创新思维的基本特征，无此特征的思维活动不属于创新思维。

心理学家认为，人们对某问题的解决是否属于创造，不在于是否有人曾经提出，而在于问题及解决方案是否新颖，这也是广义创造所表述的内容。独创性是针对解决问题的两方面而言的，一个是主体，另一个是客体。主体的独特新颖促进了个人层次的提高，客体的独特新颖促进了社会的进步。举例来说，法国有一位十分擅用独特思维的校长，一位淘气的学生将校长心爱的狗杀死了，校长为此勃然大怒，他对这位学生的惩罚是：画一张狗的生理解剖图，后来这位淘气的学生成了生物学家。校长采用别人想不到的方法，既惩罚又教育了学生，使其最终成才。

设计思维的跨领域教育

一 设计思维"新"在何处

全球有两所著名的设计思维学校（HPI D. school），一是美国斯坦福大学设计学院，二是德国波茨坦大学设计学院。它们是世界五百强企业之一——德国思爱普（SAP）公司创始人克劳斯·茨奇拉（Klaus Tschira）命名并与大学合办的。一欧一美的这两所学校，便是这些年风靡跨国公司后又在教育界流行的创造力培养方法——设计思维的源头。

斯坦福大学设计学院，不提供学位教育，因此该学院的课程面向所有研究生开放（学生有各自的专业背景和基础能力），并强调跨院系合作，其宗旨是：以设计思维的广度来加深各专业学位教育的深度（如图1-6）。

设计思维并不是说要培养设计师。它本是产品迭代的一种方法、一种流程——创意固然重要，但更重要的是筛选创意，以人为本，发现根本问题，并做出一个产品原型，真正解决核心问题。放到基础教育阶段，表现为注重同理心，以及动手实践能力的培养。

图 1-6　斯坦福大学设计学院

设计思维是一种思维方式，它有几个特定的步骤，可以用于不同的项目和人。打个比喻，设计思维就像一本菜谱，它会告诉你烧菜的步骤、烹饪时间等，但是每个人炒出来的东西都不一样，可以有不同的口味、不同的原料和配料，而跟着这本菜谱仔细做，一般不会做得太难吃。

作为一种思维方式，设计思维不是凭空而来的，而是从传统的设计方法论演变出来的。一般最简单的产品设计思路主要有以下四步。

1. 寻找需求（Need-finding）

2. 集思广益（Brainstorming）

3. 制作原型（Prototype）

4. 实践测试（Test）

而设计思维强调设身处地地去体验客户需求，所以它就多了一步，并重新定义了传统步骤（如图 1-7）。

1. 设身处地地体验（Empathize）

2. 明确定义（Define）

3. 发挥设想（Ideate）

4. 制作原型（Prototype）

5. 实践测试（Test）

除了在具体步骤上创新外，设计思维所强调的另一点是视觉思维（Visual Thinking）。早在 1973 年，罗伯特·麦克金姆在《视觉思维的体验》一书中就讲了视觉化在设计过程中的重要性。而除了步骤的创新和加入视觉思维外，设计思维区别于传统设计思维方式的第三点是——它关注社会问题。

学习和落实设计思维的人在做每一个项目时，都要考虑做出来的东西所产生的社会影响，在解决社会问题和商业运营之间取得一个平衡。

图 1-7 设计思维的官方步骤图

图 1-8 "拥抱"帮助了很多家庭

举一个例子，斯坦福大学设计学院最引以为傲的产品是"拥抱"（Embrace），这是该学院的一个学生上完一系列设计思维课程、参与工作坊活动之后的成果。"拥抱"是为一家非营利性组织设计和生产的专门为早产儿保暖的可加热襁褓。在发展中国家的贫困地区和欠发达国家，很多早产儿在刚出生的几天内，因为没有条件在医院里得到照顾来保持体温而夭折；而早产儿夭折的案例中，有 98%都是这个原因，"拥抱"因此帮助了很多家庭（如图 1-8）。

简而言之，设计思维 = 传统设计思维方式 + 视觉化思维 + 社会化思考。

三 设计思维的各步骤

下面结合具体活动来解释设计思维的各步骤。

1. 设身处地地体验（Empathize）

这里的"设身处地"，意思是要有同情心、同理心，去当一次客户，体会客户有些什么问题，社会化的思考在此最能体现。要做到这一点，就要履行以下三点。

首先是观察（Observe）：这里讲的"观察"不仅仅是观察用户行为，而是将用户行为作为他生活的一部分来观察。除了要知道用户都做什么、怎样去做，还要知道他为

图 1-9　调查问卷

何这样做、目的是什么，要知道他这个行为所产生的连带效应。

然后是交流（Engage，直译是"吸引""建立密切关系"，在此处的意思类似"互动"）：与用户交谈、做调查、写问卷（如图 1-9），甚至是不要以设计师或研究者的身份去跟用户"邂逅"，而尽可能地了解用户的真实想法。

最后是沉浸（Immerse）：去体验用户所体验的。

2. 明确定义（Define）

在了解用户信息之后，我们要做的就是写出一个"问题陈述"（Problem Statement）来阐述"观点"（POV，Point of View）。"观点"类似一个企业的"团队使命"（Mission Statement），即用一句很精简的话来说明团队或项目想要做什么、拥有怎样的价值观。

要得到一个"观点"需要考虑很多因素，比如我们的客户是谁；我们想解决什么问题；对于该问题，有哪些已有的假设，有什么相关联的不可控因素；我们的短期目标和长远影响是什么，基本方法是什么。总地来说，"明确定义"就是定义自己的立足点，让人清楚地知道你想做什么。

3. 发挥设想（Ideate）

所谓"设想"，就是头脑风暴，尽可能多地去思考解决方案，思考项目可能涉及的人，然后简化为一个具体方法。强调解决方案的数量与多样性，说白了就是尽可能多地找到不同方法来解决问题（如图 1-10）。

4. 制作原型（Prototype）

用最短的时间和成本做出解决方案。设计思维所说的"原型"，除了制作产品原型外，还强调在制作原型的过程中发现问题、找到可能出现的新问题或瓶颈。制作原型的工具或材料都是生活中触手可得的，比如剪刀、贴纸、

图 1-10　发挥设想

图 1-11　制作原型

卡纸、布料、空易拉罐、雪糕棒等。总之，"制作原型"
就是做出产品原型并展示，从而反思产品。

5. 实践测试（Test）

顾名思义，"实践测试"即测试产品原型。设计思维
所提倡的"测试"，是指通过测试产品原型来重新审视产品，
甚至是去完善之前定下来的"观点"。

综上所述，在设计思维教学中应注重以下三点。

（1）思维的发散、变通能力训练，并体现在对身边生
活的观察、记录上。

（2）围绕"以用户为核心，以需求为基础"，对一个
课题进行不同角度、不同侧面的情境性反复训练。

（3）联通后续课程，清楚地知道为什么学习、如何学
习，将所学的初级知识应用到设计中。

第二章

解读空间

COGNITION
OF SPACE

空间定义

一 空间

起源	源于拉丁文"Spatium"，在德语中为"空间"（Raum）。	"空间"一词的最初意思是一个哲学概念，人类认识"空间"也是从哲学概念开始的。德语中的"空间"（Raum），不仅指物质的围合，也有其哲学性。当德语的"Raum"被译为英语的"Space"时，就丧失了原有的哲学含义。
定义	《辞海》对"空间"的解释 《牛津词典》对"Space"的解释	"空间"是在哲学上与"时间"一起构成运动着的物质存在的两种基本形式："空间"指物质存在的广延性；"时间"指物质运动过程的持续性和顺序性。 The dimensions of height, depth, and width within which all thing sexist and move.
溯源	 图 2-1　垂直空间方位和水平空间方位	中国人在上古时代，就建立起了由"东"和"西"构成的最早的"二方位"空间意识。甲骨文时代，逐渐形成了由"东""西""南""北"构成的"四方位"空间意识（如图 2-1）。 《周易·系辞传》在原有"东""西""南""北"四个方位的基础上，增加了"东南""东北""西南""西

续表

<table>
<tr><td rowspan="2">溯源</td><td>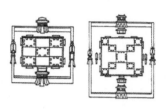
图2-2 《三礼图》中所绘的明堂的五室和九室</td><td>北"四个亚方位，由"四方位"发展出"八方位"。
《管子》中的"六相"，其空间方位已包括了天和地或上和下在内的立体的"六方位"。由此，平面的空间意识终于演变为立体的空间意识。
老子在《道德经》中说，"埏埴以为器，当其无，有器之用。凿户牖以为室，当其无，有室之用。故有之以为利，无之以为用"，阐述了建筑空间的精髓（如图2-2）。</td></tr>
</table>

二 空间之于建筑

图2-3 生活之光教堂，2008

人无论是在室内还是室外，都不能脱离空间。空间是由建筑组织、建造、围合而成的，是人类为自己创造的生存环境。

建筑与空间可以说是母子关系，也可以说是血肉相连、形影难分的整体，不能给予严格区分，有时甚至应该等同起来（如图2-3至图2-6）。

建筑意味着把握空间，即空间是首要的。

——格罗皮乌斯

建筑是最早诞生的艺术，建筑是凭精神本身通过艺术来创造的具有美的形象的遮蔽物。

——黑格尔

续表

图2-4 康孔斯文化中心，2014

图2-5 南京河西万景园教堂，2014

图2-6 日本广岛缎带教堂，2013

建筑空间是语言系统，空间是无声的语言，能传递信息，是人际关系的媒介空间。这种语言能激发和禁止人们的行为，能改变人们的心境。空间是行为环境。

——巴克

建筑和空间是一种容器，也可以称作载体。建筑是人的空间，要满足人对空间的物质需求和精神需求，建筑是人的建筑。

——雷姆·库哈斯

空间是乐器，它可以被弹奏，但它自己不能奏出美妙的乐曲。

——赫尔曼·赫兹伯格

建筑是一种研究如何浪费空间的艺术。

——菲利普·约翰逊

建筑只有具有标志、传意、象征功能时，才是一项艺术作品。谈形式、比例、韵律、色彩等概念，是把建筑和空间描述成抽象物质，变为供人欣赏的高雅艺术。

——尼古森·古德

第二节
空间的概念与分类

一 空间的分类

1. 内部空间

概念		为了避风雨、御寒暑、防止野兽蛇虫的侵袭，人们营建了栖身之所——房屋。 凿户牖以为室，当其无，有室之用。故有之以为利，无之以为用。（老子《道德经》） 人们将实的材料搭建起来，就是为了获得当中虚的部分——建筑空间。 地板、墙壁、天花板是限定建筑空间的三要素。（芦原义信《外部空间设计》） 我们可以把建筑的内部空间看作是由墙面、地面、屋顶等界面围合起来的空间。 建筑的内部空间，是人们在建筑中从事各项活动（工作、学习、起居、购物、餐饮、运动等）所使用的空间，内部空间的特征应满足人们活动的具体需要。
类型	按开敞程度分类	 图2-7　美国约翰逊制蜡公司总部办公楼，1939 开敞式（如图2-7） 在空间感上，开敞式是流动的、渗透的、开放的、活跃的，可以提供更大的视野。 在使用上，开敞式的灵活性较大。

续表

类型			
按开敞程度分类	 图 2-8　罗马万神庙，124	**封闭式**（如图 2-8） 在空间感上，封闭式是静止的、封闭的、严肃的，有利于隔绝外来干扰。 在使用上，封闭式可以提供更多的墙面，但空间变化受到限制。	
按空间比例分类	 图 2-9　亚眠大教堂，1220	**高耸的空间**（如图 2-9） 高耸的空间可以产生向上的动势，营造出庄严、神秘的氛围。	
	 图 2-10　上海浦东图书馆新馆，2010	**深远的空间**（如图 2-10） 深远的空间可以产生无限向前的感觉，具有很强的方向感和指向性。	

续表

| 类型 | 按空间比例分类 | 宽敞的空间（如图 2-11）
宽敞的空间有水平延伸的趋势，给人开阔、舒展的感受。

图 2-11　美国伊利诺伊理工学院克朗楼，1955 |

2. 外部空间

| 概念 | 建筑的外部空间是相对于内部空间而言的。建筑的外墙与屋顶是建筑内外空间的主要分割界限。建筑的外部空间是由建筑外表皮与建筑周围环境组成的空间，它既是建筑内部空间的延伸，也是建筑内部空间与城市空间之间的过渡空间。
由建筑师所设想的这一外部空间概念，……也可以说是"没有屋顶的建筑"空间。即将整个用地看作一幢建筑，有屋顶的部分作为室内，没有屋顶的部分作为外部空间考虑。（芦原义信《外部空间设计》）
外部空间，即城市空间，由建筑物和它周围的东西所构成。（布鲁诺·赛维《建筑空间论：如何品评建筑》） |
| 类型 | 建筑的外部空间可以按照不同的方法进行分类，如外部空间的开敞程度、使用性质和空间形态等。 |

续表

类型	按开敞程度分类	（1）围合式外部空间 a（如图 2-12）

（1）围合式外部空间 a（如图 2-12）

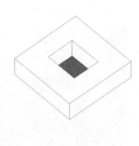

图 2-12　日本轻井泽千住博博物馆，2013

（2）围合式外部空间 b（如图 2-13）

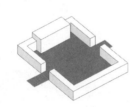

图 2-13　新加坡吉宝湾丽珊景综合体项目，2017

（3）半围合式外部空间 a（如图 2-14）

图 2-14　哈尔滨哈西新区办公楼，2009

续表

类型		
按开敞程度分类	（4）半围合式外部空间 b（如图 2-15） 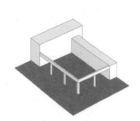  图 2-15　国电新能源技术研究院，2013	
	（5）敞开式外部空间（如图 2-16）   图 2-16　葡萄牙米兰达科弗艺术之家，2013	
按使用性质分类	（1）活动型空间（如图 2-17）  图 2-17　瑞士 M.a.x. 博物馆，2005	这种类型的外部空间一般规模较大，是容纳人群活动的主要外部空间。

类型

按使用性质分类

（2）休憩型空间（如图2-18）

这种类型的外部空间一般规模较小，尺度也较小，相对私密一些，主要为人群的休息而设。

图 2-18　慕尼黑社区活动空间，2014

（3）交通空间（如图2-19）

这种类型的外部空间多是建筑外部空间，以及建筑内部与外部空间相连的街道、过街桥、台阶等空间，常结合休憩型空间设置。

图 2-19　伊斯坦布尔礼拜堂和文化中心竞赛决赛方案，2015

按空间形态分类

（1）面性空间

包括广场空间（如图2-20）和庭院空间（如图2-21）等。

图 2-20　法国露西·奥布拉克学校，2012

续表

图 2-21 成都当代美术馆，2011

（2）线性空间

以带状的交通空间为主，如街道空间（如图 2-22）、廊道空间（如图 2-23）等。

图 2-22 比利时圣尼古拉街道，2013

图 2-23 墨西哥 DAE 学生事务大楼，2011

类型

按空间形态分类

3. 灰空间

利休灰

灰空间的"灰"源自"利休灰"。近代初期，日本茶道的创始人和茶屋的首次建造者千利休（1521—1591，如图2-24），用一种叫作"利休灰"的色彩名词来阐明他的有关茶道的思想。……利休灰是由红、蓝、黄、绿、白等主色混合成的一种色彩，根据不同的混合比，它可以是红灰、黄灰或绿灰等色。（黑川纪章《日本的灰调子文化》）

图 2-24 千利休

概念

灰空间

"灰空间"这一概念是由日本建筑师黑川纪章（如图2-25）提出的。

如果把空间比作色彩，那么作为室内外结合区域的"缘侧"，就可以说是一个"灰空间"。（黑川纪章《日本的灰调子文化》）

灰空间是介于建筑内部空间和建筑外部空间之间的区域。虽位于外墙以外，但又处于屋顶之下，由地面、天花板两个要素所限定，如檐下空间（如图2-26 至图2-30）、亭廊空间（如图2-31）、底层架空（如图2-32）等。

图 2-25 黑川纪章

类型

檐下空间

图 2-26　帕提农神庙，公元前 431

古希腊帕提农神庙——围廊

古希腊早期，神庙使用木构架及土坯来搭建。为了保护墙体，常在周边搭建一圈棚子遮雨，形成柱廊。在使用石材作为主要建筑材料之后，神庙依旧采用围廊形制。有着丰富光影变化的四面围廊，使庙宇同大自然相互渗透，既符合自然崇拜的宗教观念，又适合举行世俗的节庆活动。

图 2-27　京都桂离宫，1624

京都桂离宫——缘侧

"寺院""书院造"（现代日本住宅建筑形式）和"数寄屋造"（按茶室形式建造的小屋）都是以"缘侧"为特征的建筑形式，……因有顶盖可算是内部空间，但又开敞故又是外部空间的一部分。因此，"缘侧"是典型的"灰空间"，其特点是既不割裂内外，又不独立于内外，而是内和外的一个媒介结合区域。（黑川纪章《日本的灰调子文化》）

类型

檐下空间

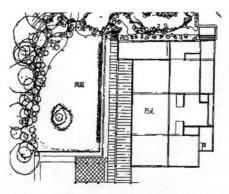

图 2-28　京都妙心寺退藏院布局图，1337

京都妙心寺退藏院——广缘

"广缘"是对"缘侧"的扩展，是将"缘侧"向内拓宽——跨空间。"广缘"与"缘侧"，常并存于书院造外圈，"广缘"常面对庭园主景，……，位于"广缘"内侧榻榻米上的身体，距离外部风景，就比寝殿造时期更加深远，就更适合禅坐的旁观静望。（董豫赣《装折肆态》）

图 2-29　福冈银行总部，1975

日本福冈银行总部——缘侧

黑川纪章设计了屋檐下的巨大开敞空间，创造了一个介于室内与室外空间、公共与私密空间之间的过渡空间——"缘侧"。

宽阔的"缘侧"（游廊），为新式的都市生活提供一个调节空间。雨天，人们可以在这里避雨休息。黄昏时外墙的灰色减弱了建筑物的实体和重量感，强调出"灰空间"。（黑川纪章《日本的灰调子文化》）

类型		
檐下空间	图 2-30 东京法隆寺宝物馆,不详 **日本法隆寺宝物馆——屋檐** 玻璃盒子之外的石材屋檐与墙体,营造了适宜的过渡空间,同时起到了控制太阳光线进入、视线引导(自然景色)的作用,并同时与玻璃盒子内部的实体展厅相呼应。	
亭廊空间	图 2-31 颐和园,1750	**颐和园——长廊** 蜿蜒七百多米的长廊,将万寿山前山分散的各组建筑连缀在一起,为前山加上了一道重彩的建筑底线。在山景与水景间的长廊,既有利于两边景色的互相渗透,又在山与湖之间增添了一个过渡层次。

续表

类型	底层架空	  图 2-32　法国萨伏伊别墅，1930	**法国萨伏伊别墅——架空** 我还是愿意沉浸在柯布西耶那不曾实现的实用主义城市的理想当中：所有的摩天大楼都相距遥远，所有的窗户都布满阳光，所有的建筑都底层架空，所有的空气都可以自由流通，所有的绿地都在架空的建筑底下连绵不绝，所有的视野都可以在地面上获得无际的绿色视野……（董豫赣《文学将杀死建筑》）

㊂ 空间的组成

1. 顶面

特点	顶面是建筑形式的主要空间限定要素，并从视觉上组织起屋顶以下的空间形式。
实例	 图 2-33　慈城师古亭，1771	**慈城师古亭——顶面** 在慈湖旁的人行路上的师古亭，界定了一个供人停留、休息的场所（如图 2-33）。

2. 基面

特点	在建筑中，常常用不同的标高、材质、色彩等在一个大的空间范围内限定出不同的空间领域。

类型

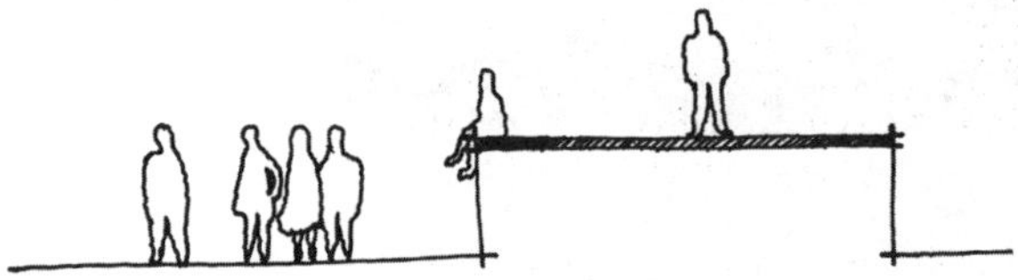

图 2-34　抬高基面

图 2-35　下沉基面

实例

图 2-36　保和殿，1420

故宫保和殿宝座——基面抬高

通过基面的抬高，彰显皇帝至高无上的身份地位（如图 2-36）。

图 2-37　圜丘坛，1530

天坛圜丘坛——基面抬高

在壝墙内，通过三层抬高的台基，界定了皇帝祭天的场所（如图 2-37）。

实例	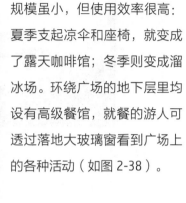 图 2-38 洛克菲勒中心广场，1936	**洛克菲勒中心广场——基面下沉** 规模虽小，但使用效率很高：夏季支起凉伞和座椅，就变成了露天咖啡馆；冬季则变成溜冰场。环绕广场的地下层里均设有高级餐馆，就餐的游人可透过落地大玻璃窗看到广场上的各种活动（如图 2-38）。

3. 围护

特点	空间的围护界面，包括虚面和实面。虚面往往由线状垂直要素构成，实面往往由面状垂直要素构成。
实例	 图 2-39 越南岘港纳缦会议中心，2015 **越南岘港纳缦会议中心——虚面** 主结构框架全部使用竹子打造，通过弯曲的竹子形成类似拱形的外观（如图 2-39）。

续表

实例	 图2-40　纽约古根汉姆博物馆，1959	**纽约古根汉姆博物馆——实面** 该博物馆为螺旋形混凝土结构，内部的曲线和斜坡通到6层。螺旋的中部形成一个敞开的空间，从玻璃圆层顶采光（如图2-40）。

三 空间的形态与体量

1. 点、线、面、体之间的关系

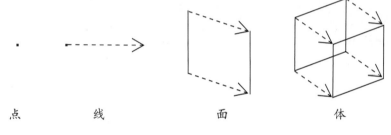

点　　　　　线　　　　　　面　　　　　　体

图2-41　点、线、面、体的变化

点的移动可以成为一维的线，线的移动可以成为二维的面，面的移动可以成为三维的体（如图2-41）。

2. 点、线、面、体

（1）点

概念	点，标明了空间中的一个位置。在概念上，点没有长、宽、高，但在建筑空间中，点的大小是有相对性的。当一个物体的体量相对于周围空间而言较小时，就可以把它看成是一个点。一个点可以表示线的端部或交点、面或体的角点，以及一个范围的中心等。
特点	点是静止的、没有方向的。在视野中，当点处于一个空间的中心时，它虽是安定静止、无方向感的，但在空间中起着统率作用；当点偏移中心位置时，它是动态的，并具备了方向感。

续表

实例	图 2-42 拙政园荷风四面亭	**亭** 园林中,体量不大的亭往往会成为人们远观中的视觉焦点。它们或立于山石,或悬于水面(如图2-42)。

(2)线

概念	线,只具备一个空间维度。建筑空间中的线,同样是一个相对的概念,它的长度远大于它的宽度和厚度,呈现出线状的特征。
特点	线有方向,与地面垂直的线可以带来向下的重力感,或向上的指向性;水平线可以带来平稳的感受;斜线会带来不平衡的感受,具有动态感。 线有形状,直线的指向性更强,更有力度;曲线的流动感更强,更加柔美。 线有实虚,实的是真实可见的,虚的是隐含其中的。
实例	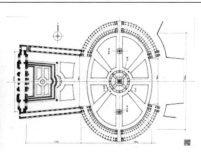 图 2-43 圣彼得大广场,1667

实例	**圣彼得大广场方尖碑** 圣彼得大教堂前为贝尔尼尼（意大利雕塑家、建筑家、画家）设计的广场，轮廓由梯形和椭圆形组合而成（如图 2-43）。梯形广场（雷塔广场）的宽边为圣彼得大教堂，窄边为椭圆形广场（奥布里库阿广场）。方尖碑位于椭圆形广场的中心，它作为一个焦点，把所有方向统一起来，并与通向教堂的纵向轴线紧密联系。身处巨大的椭圆形广场的人们，以方尖碑为参照物，会借由柱廊廊檐把椭圆形广场看成是圆形广场，把梯形广场看成是方形广场。这些设计手法，完美地实现了教皇的愿望——让已经建成的圣彼得大教堂显得更加宏伟。

（3）面

概念	面，具备两个空间维度。
特点	建筑空间中的面，具有长宽的特征，长度和宽度都远大于其厚度。
实例	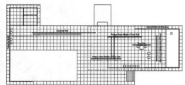 图 2-44　巴塞罗那国际博览会德国馆，1929 **巴塞罗那国际博览会德国馆** 巴塞罗那国际博览会德国馆（如图 2-44），用 8 根十字形钢柱起到结构承重作用，无需承重的墙面一片片自由地伸展开来，相互垂直，隔而不断，形成"流动空间"，有的墙面延伸至室外水池，使室内外空间得以很好地融合。

（4）体

概念	体，具有三个空间维度。
特点	建筑空间中的体，既可以是空间，如由界面所包裹的内部空间；也可以是实体，如呈现在外部的建筑体量。
实例	  图 2-45　伊利诺伊理工学院克朗楼，1955 **伊利诺伊理工学院克朗楼** 这是现代主义建筑大师密斯·凡·德·罗（Ludwig Mies Van der Rohe）设计的建筑系馆。整个建筑为简单的矩形，其间没有柱子和墙，是一个大的宽敞空间。屋顶由钢架支撑，四面墙大部分为玻璃，是一个名副其实的钢与玻璃的结合体（如图 2-45）。

3. 规则与不规则几何形体

（1）规则几何形体

特征	规则的几何形体包括立方体、球体、正多面体、圆柱体、正多边柱体、圆锥体、正棱锥体、正棱锥台等规则形体，以及这些规则几何形体的组合体（如图 2-46），组合的方法是有规则地相加或相减。 规则几何形体基本上是对称的，具备一条或多条轴线。 规则几何形体的组合体虽然是多个规则几何形体的加减，但因其组合形式的有序性，仍可使人轻松地辨识其空间形式。

示意图	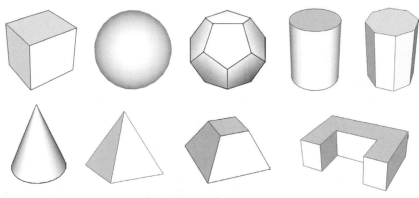 图 2-46　各规则几何形体及其组合体的示意图
实例	 图 2-47　牛顿纪念堂设计方案，1784

牛顿纪念堂设计方案——球体

艾蒂安－路易·布雷（建筑师，1728－1799）希望给予他一个像天堂一样永恒的场所。他说道："啊，牛顿，通过您卓越的智慧和天赋，您已经定义了地球的形状，（于是）我构思了这种用您的发现笼罩着您的理念。……牛顿纪念堂（如图 2-47）的外形被设计成一个巨大的球体嵌在一个三重环形的基座上。……纪念堂的光影设计很富有想象力，正是通过它的变幻使

续表

得建筑内部宛如浩瀚无垠的宇宙。白天，微弱的光线从小孔中挤入，在昏暗阴郁空间内仿佛是点点繁星，呈现出一种夜间的景象；夜晚，一盏明灯被挂在球体的中央，在空旷高敞的空间内仿佛是太阳，呈现的又是白昼的景象。（薛春霖《布雷和他的"未来"建筑》）

图 2-48　吉萨金字塔群，公元约前 2500

吉萨金字塔——棱锥体

金字塔底面为正方形，埃及考古学家鲍威尔指出，吉萨金字塔群（如图 2-48）的三座大金字塔（胡夫、哈夫拉、孟卡拉）分别指向猎户座腰带上的三颗星，金字塔的大小还表现了三颗星的光度。

实例

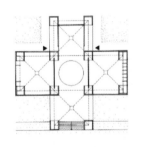

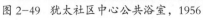
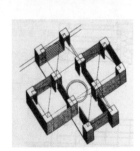

图 2-49　犹太社区中心公共浴室，1956

续表

犹太社区中心公共浴室——组合体

1955 年 4 月底，那个著名的由四个方形亭子组成的希腊十字形方案已跃然纸上。至此，路易斯·康也宿命般地破茧化蝶，开创了独具个人风格的建筑语言，成为现代建筑史上的一位极具特色的大师。正如他自己所言："浴室（如图 2-49）完成之后，我不必再盯着别的建筑师以获得启发。"（汤凤龙《几何的建构——赖特、密斯和路易斯·I·康的建筑法则》）

实例

 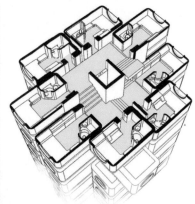

图 2-50　日本中银胶囊大楼，1972

日本中银胶囊大楼——组合体

这是由黑川纪章设计的由 140 个长方体组合而成的大楼（如图 2-50），每个长方体用高强度螺栓固定在"核心筒"上，几个体块连接起来可以满足家庭生活的需要。

（2）不规则几何形体

特征

不规则几何形体，可能是规则几何形体的扭曲变形，也可能是规则几何形体的不规则组合。

不规则几何形体一般是不对称的，且更加具有动态。

续表

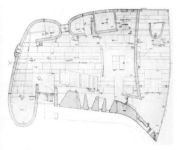

图 2-51 法国朗香教堂，1955

法国朗香教堂

教堂的屋顶⋯⋯像帽子，像锅底，又像船帮（如图 2-51）。⋯⋯墙体曲里拐弯，找不出什么规律。⋯⋯它很像原始社会的某个巨石建筑，存留至今。⋯⋯勒·柯布西耶自己在一个地方说，他的朗香教堂的构思的出发点是把这小教堂当作一个听觉器官，所以它像人的耳朵那样复杂、弯扭。在这个像听觉器官的小教堂里，信徒们的祈祷似乎能更容易、更直接地到达上帝那边。（吴焕加《现代西方建筑的故事》）

实例

图 2-52 西班牙毕尔巴鄂古根海姆博物馆，1959

西班牙毕尔巴鄂古根海姆博物馆

美术馆的建筑设计经国际竞赛，选中了弗兰克·盖瑞的方案（如图 2-52）。⋯⋯它一反传统建筑的外貌，以流畅的曲线大面积覆盖了建筑方形的功能空间。它的造型使人联想到盖瑞在日本神户所设计的鱼形餐厅，和他为巴塞罗那港湾创作的鱼形雕塑。当你从空中鸟瞰时，它又像一朵花。整幢建筑好比一座扩大到建筑尺度的雕塑，而雕塑的内部安排了建筑的使用功能。（邹瑚莹《博物馆建筑设计》）

（3）规则与不规则几何形体的组合

特征	规则与不规则几何形体的组合大致包括两种情况，规则几何形体可能和不规则几何形体并置；规则的几何形体内可能包含着不规则的几何形体，不规则的几何形体内也可能包含着规则的几何形体。

实例

图 2-53 布拉格尼德兰大厦，1996

布拉格尼德兰大厦

······政府部门希望转角凸出，上部向外出挑，便于市民识别；总统则希望建筑能与布拉格城市肌理结合，不要方盒子。······盖里的最终方案则是非常别致、富有特色的双塔。双塔虚实对比，象征一对男女，男的直立竖实，女的流动透明、腰部收缩、上下向外倾斜犹如衣裙，出挑的上部可以俯览布拉格风光。由于市区沿街相邻建筑层高不同，因而将窗洞上下错落安排，同时还在墙面上增加了波浪状装饰线，以强调动感。（勉成《布拉格尼德兰大厦，捷克》）

空间构成类型

单一空间的构成类型可从空间构成的状态性、形式性、真实性、复杂性、功能性、风格性等方面进行区别分类，不同的分类角度会产生不同的构成类型。如从状态性区别，代表分类有静态空间、动态空间；从形式性区别，代表分类有开敞空间、封闭空间；从真实性区别，代表分类有结构空间、虚拟空间；从复杂性区别，代表分类有交错空间、共享空间。

当然，这种区分仅仅是基于研究上的便利考虑，并非某种模式规律的必然。明确这一点，对于灵活把握空间的构造类型，并在此基础上发挥充分的想象与创造是十分有利的。

一 静态与动态空间

1. 静态空间

定义	静态空间表现为一种稳定势态的或持续处于稳定状态中的空间形态，形体明确、肯定，并有一种向心感或放射感，给人以停顿、静止、安稳的感觉。
常见特征	（1）空间的限定度较强，与周围环境联系较少，趋于封闭型。洞口布置在空间围护面以内，不削弱边缘的界限和空间围合的感觉，空间形式具有强烈的完整性和可感知性（如图 2-54）。

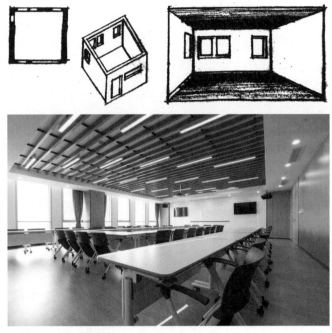

图 2-54　封闭型空间

**常见
特征**

图 2-55　波兰西里西亚大学科学信息中心与大学图书馆，2011

（2）多为对称空间，空间的比例、尺度相对协调，呈现一种静态的平衡。空间可左右对称，亦可四面对称，除了向心、离心以外，很少有其他的空间倾向（如图 2-55）。

续表

（3）多为尽端式空间，空间序列到此结束，空间私密性较强（如图2-56）。

图 2-56　尽端式空间

常见
特征

图 2-57　居室

（4）人在空间中视觉转移相对平和，没有强制性的、过分刺激的引导视线因素存在。静态空间给人以平和、安静、对称、稳重的感觉，多用于居室、教室、阅览室、教堂或礼堂等功能空间（如图2-57 至图 2-60）。

图 2-58　教室

续表

常见特征	 图 2-59　阅览室	 图 2-60　教堂

2. 动态空间

定义	动态		《现代汉语辞典》：运动变化状态的或从运动变化状态考察的。英文表达为：Dynamic、Movement、Development、Trend 等。《建筑高级辞典》中对"Dynamic"一词的解释为"运动的或推进的力量"。
	动态空间	广义	由于世界是一直处于运动变化状态中的，没有绝对的静止，因此广义上讲，所有的空间都具有动态性。也就是说，所有的空间都属于"动态空间"。
		狭义	本文所指的均为狭义的动态空间：通过动态的设计方法，将空间要素进行动态的组织，从而达到动态效果的空间。表现为一种运动势态的或持续处于运动状态中的空间形态。

引导：一般具有引导的功能（如图 2-61 至图 2-65），常起到引导人行为的作用。引导人们从"动态"的角度对周围环境及事物进行观察，把人们带到一个多维度的空间中。

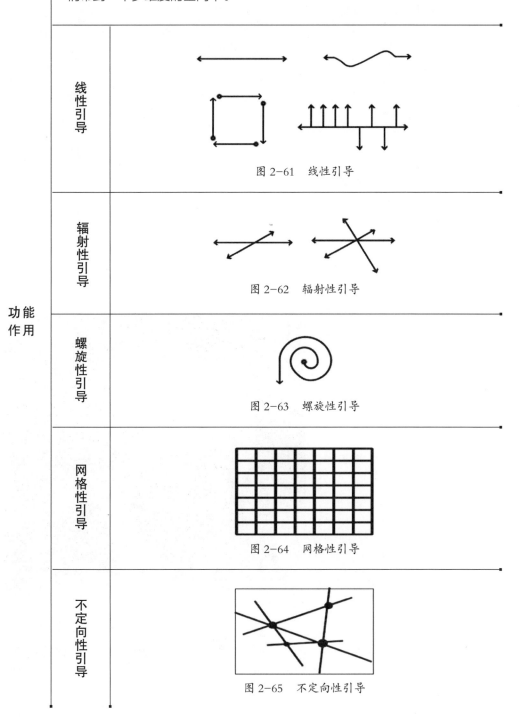

功能作用	

线性引导

图 2-61　线性引导

辐射性引导

图 2-62　辐射性引导

螺旋性引导

图 2-63　螺旋性引导

网格性引导

图 2-64　网格性引导

不定向性引导

图 2-65　不定向性引导

续表

特征			动态空间的各围合界面应具有连续性与节奏性，空间变化应多样，形态组合应丰富，可以采用具有视觉刺激性的形态来加强使用动态空间时对人情绪的影响，使整体空间富于节奏变化。动态空间具有物理的动态效果和心理的动态效果。
分类	客观动态空间	定义	通过改变空间要素来满足和适应人们的使用需求（包括行为需求、物质需求和精神需求等），人们能够感觉到空间本身真正地在运动变化，属于具有"动态性"的空间。
		特征	具有"动态性"特征：有运动变化的性质，是由动态设计要素所构成的空间。
		设计手法	a. 采用连续的界面，组织引入流动的空间序列，产生一种很强的导向作用，人的活动路线不是单向而是多向的（如图 2-66 至图 2-67）。  图 2-67　具有多向选择的空间

续表

分类	客观动态空间	设计手法	

图 2-66　具有连续界面的空间

b. 利用具有动态韵律的线条或视觉对比强烈的平面图案（如图 2-68）。

图 2-68　北京新浪总部大楼，2015

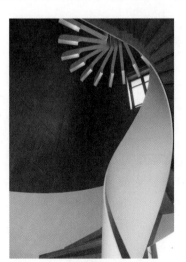

c. 借助声光的变幻给人以动感效果。光的运用可分为自然光和人工灯光，也可运用自然景观，如水景、植物等（如图 2-69）。

图 2-69　黎巴嫩贝鲁特住宅旋转楼梯，2010

续表

分类			
	客观动态空间	设计手法	d. 借助楼梯、自动化设施、家具等，可使人时停时动，形成丰富的动势（如图 2-70）。  图 2-70　由食品工厂改造而成的商业中心
	主观动态空间	定义	建筑本身的空间序列引导人在空间的流动，空间形象的变化引起人的不同感受，这种随着人的运动而改变的空间称为主观动态空间，属于具有"动态感"的空间。
		特征	具有"动态感"特征：有运动变化的感觉。以人为主导，加入"时间"要素，借由人的位置移动而感受到的流动变化的空间。我们强调空间是建筑艺术特有的表现形式。之所以特殊，就是因为建筑空间既不同于绘画的二维空间艺术，也不同于雕塑的三维空间艺术。建筑是可以进入其内部去使用观赏的，人们可以随着位置的移动和时间的变化观察到不同位置的空间，从而产生不同感受的视觉效果。
		设计手法	大多通过多个动态空间进行组织，形成流动的空间序列（如图 2-71 至图 2-73），后文中将会详述。 （1）有机地组织动态空间：要想取得空间的流动效果，首先要从整体布局上去有机地组织流动空间。

分类	主观动态空间	设计手法	（2）空间的诱导与暗示：空间的诱导与暗示的目的，是使人们进入空间后能按照一定的空间规律，从一个空间自然地过渡到另一个空间，这种诱导与暗示要依照人的活动习惯和心理。

图 2-71　法国总督宫博物馆，2011

图 2-72　芝加哥 Welcome 画廊，2011

图 2-73　宁波博物馆，2008

三 开敞与封闭空间

建筑空间的开敞与封闭是相对而言的，空间开敞与封闭的程度，取决于界面"围"与"透"关系的构成组织。人们对空间的要求不同、构思不同，因此需要不同程度的开敞感与封闭感。

全开敞、全封闭、半开敞、半封闭的空间形式，取决于空间的使用性质和建筑环境与空间环境的关系，以及生理、心理上的需要。

	空间的围合程度，是由其限定要素的造型和洞口的图案所决定的，因此它对方位和总空间形式的感知具有重要作用。	
空间围合程度	洞口全部布置在空间的围护面以内（如图 2-74），不削弱边界的界限，也不削弱空间围合的感觉。空间的形式保持了完整性和可感知性。	 图 2-74　洞口全部在空间围护面以内
	洞口开在空间围护面的边缘（如图 2-75），将从视觉上削弱空间转角处的边界。这些洞口会侵蚀空间的总体形式，但也会增强与相邻空间的视觉连续性和相互的穿插关系。	 图 2-75　洞口开在空间围护面边缘
	空间围护面之间的洞口（如图 2-76），从视觉上分离这些面，独立性明确。随着这些孔洞数量和尺寸的增加，空间便失掉了它的围合感，变得扩散，并开始与相邻的空间结合起来。其视觉的重点在于围护面，而不在于面所限定的空间体积。	 图 2-76　洞口开在空间围护面之间

1. 开敞空间

定义	开敞空间主要指围合的界面不够封闭、私密性比较小的空间类型，它强调与周围环境的互相渗透、互相交流。在开敞空间中，人的视平线高于四周景物。开敞空间的开敞程度取决于有无侧界面、侧界面的围合程度、开洞的大小和启闭的控制能力等。
特征	一个房间四壁严实，就会使人感到封闭、堵塞；而四面临空则会使人感到开敞、明快。由此可见，空间的封闭或开敞会在很大程度上影响人的精神状态。 开敞空间是外向性的，限定度和私密性较弱，强调与周围环境的交流、渗透，讲究对景、借景，与大自然或周围空间的融合。和同样面积的封闭空间相比，开敞空间要显得大些、敞亮些。心理感觉表现为开朗、活跃，性格是接纳、包容性的。 开敞空间经常作为室外空间与室内空间的过渡空间，有一定的流动性和很高的趣味性。这也是人的开放心理在室内环境中的反馈和显现。
分类	（1）外开敞式空间 这类空间的特点是空间的侧界面有一面或几面与外部空间渗透，当然顶部通过玻璃覆盖也可以形成外开敞效果（如图 2-77）。  图 2-77　外开敞式空间

续表

分类	图 2-78 内开敞式空间	（2）内开敞式空间 这类空间的特点是从空间的内部抽空形成内庭院，然后使内庭院的空间与四周的空间相互渗透。 有时为了把内庭院中的景致引入室内的视觉范围，整个墙面会处理成透明的玻璃窗；还可以将内庭院中的一部分引入室内，使内外空间有机地联系在一起。此外，还可以把玻璃都去掉，使内外空间融为一体，与内庭院的空间上下通透，与内外的绿化相互呼应，使人感觉生动有趣，颇具自然气息（如图 2-78）。

2. 封闭空间

定义	封闭空间主要是指用限定性比较强的围护实体包围起来的，无论是视觉、听觉、小气候等都有很强隔离性的空间。
特征	这种空间具有很强的区域感、安全感和私密性，不存在与周围环境的流动性和渗透性（如图 2-79）。 随着围护实体限定性的降低，封闭性也会相应减弱，而与周围环境的渗透性则相对增强；但与其他空间相比，仍然是以封闭为特点。

图 2-79 封闭空间

三 结构空间与虚拟空间

1. 结构空间

定义	结构	《牛津词典》中的定义为：支撑构架或主要部件，建筑物或任何构造整体。它源于拉丁文，有"建造之意"，实际上就是指物体的形状、质量。 结构分为内结构和外结构两种。我们通常所讲的结构，大部分是指内结构，也就是建筑的内在构架。
	结构 空间	通过在建筑空间中真实反映结构构件，来感悟结构构思及营造技艺所形成的空间环境，称为结构空间。
功能 作用	 图2-80 上海德富中学，2016  图2-81 上海港国际客运中心航站楼，2011	随着新技术、新材料的发展，人们对结构的精巧构思和高超技艺有了更强的追求，因而更加强调空间艺术的表现力与感染力，这已成为现代空间艺术审美中极为重要的倾向。 充分利用合理的结构，会为视觉空间艺术提供明显的或潜在的条件。结构的现代感、力度感、科技感和安全感是真实美、质朴美的体现，较之繁琐虚假的装饰，更具有令人震撼的魅力（如图2-80至图2-83）。

续表

功能作用	图 2-83 尼斯 Allianz Rivera 体育场，2013	图 2-82 深圳宝安国际机场 3 号航站楼，2013

2. 虚拟空间

定义		虚拟空间是一种既无明显界面又有一定范围的建筑空间。它的范围没有十分完整的隔离形态，也缺乏较强的限定度，只靠部分形体的启示，依靠联想来划分空间，因此又称心理空间。
功能作用	使用功能上的需要	例如一个多功能的大厅由于不同的使用要求，需要把一个大的空间分隔成许多相对独立的小空间。为体现大空间的整体性，就要使这些小空间虽然分隔但又互相联系（如图 2-84 至图 2-85）。
	精神功能上的需要	为满足人们精神上的需求，空间应有较丰富的变化，甚至可以创造某种虚幻的境界，更大限度地满足人们的精神需求（如图 2-86）。
		图 2-84 巴黎歌剧魅影餐厅，2011

续表

图 2-85　巴塞罗那 Ikibana PARAL 餐厅，2012

功能
作用

图 2-86　考尔菲德私人住宅，2014

特 定
类 型
与 设
计 方
法

改变基面及顶面的高差：在建筑空间中，要想取得既有联系又有相对独立性的空间，抬高或降低水平围护面的标高是较常见的作法。

（1）地台空间
空间基面局部抬高，抬高面的边缘划分出的空间可称为地台空间。基面抬高，给人的感觉是外向的，具有扩张性和展示性。抬高的空间与周围环境之间的空间连接程度、视觉连接程度，是依靠高程尺度的变化来维持的。

续表

功能作用	特定类型与设计方法	a. 范围的边沿得到良好的划定，视觉和空间的连续性得到维持（如图 2-87）。 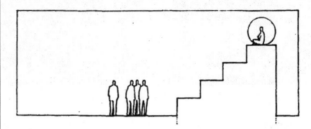 图 2-87 b. 某些视觉的连续性可以维持，空间的连续性中断（如图 2-88）。 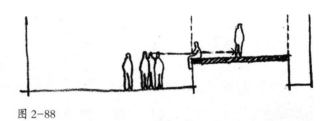 图 2-88 c. 视觉和空间的连续性都中断，所抬高的面对于下面的空间来说变成了屏蔽要素（如图 2-89）。 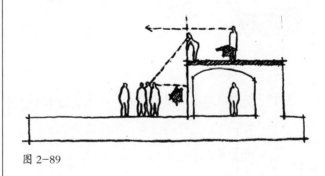 图 2-89

（2）下沉空间

空间基面局部下沉，可限定出一个范围比较明确的空间，被称为下沉空间。这种空间的底面标高较周围低，有较强的围护感，给人内向、收敛的感觉。下沉范围和周围地带之间的空间连续程度，要看高程变化的尺度。

功能
作用

特定
类型
与设
计方
法

a. 下沉的范围，可以是将地面断开，但依然保持为周围空间整体
的一部分（如图 2-90）。

图 2-90

b. 增加下沉范围的深度，可以削弱该部分与周围空间之间的视觉关
系，并加强它作为一个不同空间体积的明确性（如图 2-91）。

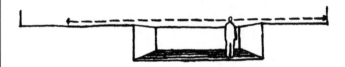

图 2-91

c. 一旦原来的基面高于人的视平面时，下沉范围实际上就变成了
一个独立空间（如图 2-92）。

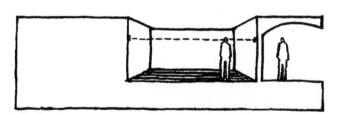

图 2-92

d. 从一个高程到另一个高程，创造一种渐变的过渡形式，有助于
在下沉范围和周围空间之间形成空间的连续性（如图 2-93）。

图 2-93

<table>
<tr>
<td rowspan="4">特定类型与设计方法</td>
<td>

（3）母子空间

大空间中的小空间：此种空间类型也称为母子空间。

</td>
</tr>
<tr>
<td>

母子空间是对空间的二次限定，是在原空间（母空间）中，用实体或象征性的手段限定出小空间（子空间）。这样做既能满足使用方面的功能要求，又能丰富空间层次，强化空间效果。许多子空间，往往因为有规律地排列而形成一种有节奏的韵律，它们既有一定的领域感和私密性，又与大空间保持着沟通与联系（如图 2-94）。

图 2-94

</td>
</tr>
<tr>
<td>

母子空间之间很容易产生视觉及空间的连续性，但子空间与室外空间的联系则取决于封闭的大空间。在这种空间关系中，母空间是作为子空间的场地而存在的。为了感知这种概念，两者之间的尺寸必须有明显差别。如果子空间的尺寸增大，那么母空间就开始失去其作为封闭场地的能力。子空间越是增大，其外围的剩余空间就会越感到压抑而无法形成封闭空间，变成仅仅是环绕子空间的一片薄层或表皮（如图 2-95）。

图 2-95

</td>
</tr>
</table>

续表

特定类型与设计方法	要使子空间具有较大吸引力，子空间可采用与母空间形式相同而朝向相异的方式。这种方法会在母空间里产生一系列富有动势的剩余空间（如图 2-96）。 子空间也可采用与母空间不同的形体，以增强其独立的实体形象。这种形体上的对比，会产生一种两者之间功能不同的暗示，或象征着子空间具有特别的意义。 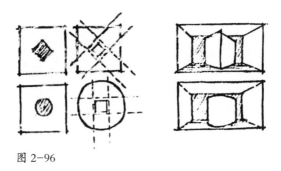 图 2-96

四 交错空间与共享空间

1. 交错空间

定义	利用两个相互穿插、叠合的空间所形成的空间，称为交错空间或穿插空间。空间中的立体交通川流不息，显示出空间活力（如图 2-97）。	 图 2-97 日本 Tsutsumino 住宅，2015
空间特点	交错空间中各空间的范围相互重叠而形成一个公共空间地带。当两个空间以这种方式贯	

续表

穿时，仍保持各自作为空间所具有的界限和完整性，但对于两个空间的最后造型，随空间认定不同而变化（如图 2-98）。

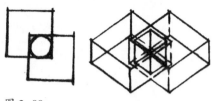

图 2-98

空间特点

各体积的交错部分，可为各个空间同等共有（如图 2-99）。

图 2-99

交错部分与一空间合并，成为整体体积的一部分（如图 2-100）。

图 2-100

交错部分自成一体，成为原来两空间的连结空间（如图 2-101）。

图 2-101

设计特点

图 2-102　日本 Tsutsumino 住宅，2015

现代建筑空间设计早已不满足于封闭的六面体和简单的层次划分。在水平方向往往采用垂直围护面的交错配置，形成空间在水平方向的穿插交错。垂直方向则打破了上下对位，创造出上下交错、俯仰相望的生动场景（如图 2-102）。

续表

交错空间的水平、垂直、倾斜、旋转方向的空间流动，使空间界限变得模糊，空间关系密切和谐，具有扩大空间的效果，便于组织和疏散人流。

在交错空间中，人们上下活动交错穿流、俯仰相望、静中有动，不但丰富了室内构图，也给空间增添了生气。不同空间之间交融渗透，在一定程度上带有流动空间、不定空间和共享空间的某些特征（如图 2-103）。

功能作用

图 2-103　Oleiros 住宅，2014

在创作中也常见将室外空间的城市立交模式引入室内的案例，在分散和组织人流的作用上颇为相似（如图 2-104）。

图 2-104　新加坡星商业文化综合体，2012

2. 共享空间

定义	在一个尺度较大的空间中，满足人们物质和精神方面都能公共享有的需求，具有综合性、多用途的灵活空间称为共享空间。共享空间的产生是为了适应各种频繁的社会交往活动和丰富多彩的生活需要，它往往处于大型公共建筑内的公共活动中心和交通枢纽之中，含有多种多样的空间要素，使人们在物质和精神方面都有较大的选择余地。

空间特点	大中有小、小中有大；外中有内、内中有外；相互穿插交错，富有流动性（如图2-105）。

图 2-104　新加坡星商业文化综合体，2012

共享空间具有空间界限的某种"不定性"，改变了人们对空间的"内"与"外"的看法，内外空间的划分强调了空间的流通、渗透、交融（如图2-106）。

图 2-106　天津图书馆文化中心馆，2012

第四节
空间的感知

一 空间的感知问题

"空间"是目前建筑学中被讨论得最多的一个词。传统建筑中，空间作为建筑的一个属性，是一直存在的。直到 19 世纪末，才有西方学者明确提出"空间的创造是建筑设计的本质"这样的观点。

二 建筑历史上对待空间的不同态度

公元前 2000 年：建筑就是实体。人们把建筑当成实体，从外表出发去建造（如图 2-107）。建筑中真正的内部空间还未被认识到。这一对待空间的态度持续了 2000 多年。

公元 100 年：开始主动塑造室内空间。在古罗马万神

图 2-107　吉萨金字塔群，约前 2500

图 2-108 古罗马万
神庙，124

图 2-109 巴塞罗那国际博览会德国馆，
1929

庙（如图 2-108）中，第一次出现了一个被主动塑造的室内空间。对此内部空间的表达重于对外部空间的表达。从此，对室内空间的重视开始成为建筑设计的重要内容。这种分别对待外部空间和室内空间的态度，又持续了将近2000 年。

1929 年：流动空间，内外一体。在密斯·凡·德·罗设计的巴塞罗那国际博览会德国馆（如图 2-109）中，他向世人展示了"流动空间"的观念。从此，空间作为建筑的主角开始浮现出来。内和外的界限被打破，外是内的呈现，内是外的成因，二者相辅相成。这种空间态度影响着今天的建筑设计。

三 平面上空间的感知

圆形为图，空白为底。根据格式塔心理学的研究，人们倾向于把面积较小的、形态比较完整的对象认知为"图"；把面积较大、形态比较不规则的对象认知为"底"，此即所谓的"完型"理论。如图 2-110，我们通常把黑色的圆形认为是图。黑色的圆形是一个闭合的图形，把它表示成黑色，代表它是一个"正"的、积极的形状；周围的白色部分则显得消极，被我们认知为是"负"的、被动的。

圆形为图，空白亦为图。当我们扩大图 2-110 的圆形面积，使其与边框相切，原来消极的留白部分逐渐变得积极起来，也成为一个闭合的图形，因此也具有图形的意义。此时图和底的关系发生了改变，原来的底变得具有图的性质（如图 2-111）。

日常生活中人们常见一种视觉游戏——鲁宾花瓶（Rubin Vase），可以很好地说明图底互换的现象。在鲁宾花瓶（如图 2-112）图中，既可以把白色部分（即相对的人脸）看成图，也可以把黑色部分（即花瓶的侧影）看成图。此时，图形和背景的关系模棱两可、相互平等，可以随时相互置换。

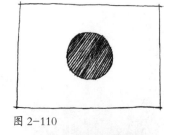

图 2-110

图 2-111

1. 平面上空间的感知

鲁宾花瓶图形对于建筑空间感知的意义：建筑师在工作中，总是先在平面上画上黑点、线条或方块等，代表实际建筑中的柱子、墙体和建筑体块等。建筑师虽然画的是这些实体的部分，但是他的脑子中，却同时关注由这些实体围合出来的空的部分，即所谓的建筑空间。如鲁宾花瓶所揭示的那样，建筑师不仅要使绘制的实体部分具有图形的性质，也要努力使得空的部分具有图形的性质。

例如，图 2-113 所示的是瑞士建筑师彼得·卒姆托（Peter Zumthor）设计的瓦尔斯温泉浴场（如图 2-114）

图 2-112 鲁宾花瓶

图 2-113　瓦尔斯温泉浴场设计草图

图 2-114　瓦尔斯温泉浴场, 1996

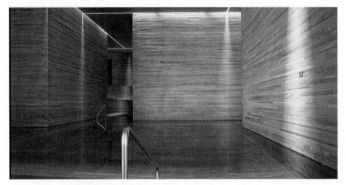

图 2-115　瓦尔斯温泉浴场内部

的设计草图。建筑师在图纸上描绘了不同的黑色体块，它们具有图形的性质；但同时，他也关注这些体块之间的空的部分的图形品质。这些空的部分才是这个浴场建筑的内部空间的主体（如图 2-115），它们也应该具有良好的图形品质。

2. 平面上空间的感知的小练习

（1）负形空间素描：线描

尝试用线描的方法去描绘一把椅子。通常人们会直接描绘椅子的实体部分，得到椅子的形象。但如果用负形空间素描的方法，则要求绘画时画者不能直接去描绘椅子的实体部分，而是通过描绘椅子的各个部分所围合起来的空间，间接地描绘出椅子的形象（如图 2-116）。这个训练的趣味在于，你画的是椅子，却关注的是围绕着它的空间。

图 2-116　正负形空间素描

图 2-117 正负形空间平涂

这和关注空间设计的建筑师工作时的基本思路很类似。

（2）负形空间素描：平涂

如图 2-117，除了用线描的方法外，还可以用平涂的方法，即用黑色去平涂负形（即空间）。这样，你画的是空间，但涂黑的形状代表的却是正形，而你作画的目的——椅子却表现为虚空的白色。

这些训练对于理解空间和图形、目的和手段、正形和负形、积极与消极等概念有较大帮助，能够有效唤起你的空间知觉。

注意，改变观察的视角并不容易。

四 基本的形式要素与空间的感知

1. 点

点的空间基本意义是聚焦。如图 2-118，在画面上的单一点引起人们视觉的关注，这时候的视觉力指向这个点，可以用指向这个点的箭头来表示。点还同时激活了周围的空间。这是一种发散的力，可以用由点向外的箭头来表示。

如图 2-119，如果画面上有两个点，人们的视线就会在这两个点之间往复移动。将两点连成一线，这是一种运动的力，由运动带来方向。这时既有点的聚焦和发散，又有两点之间的张力。

如图 2-120，当一组点分布在画面上，点与点之间就产生了各种张力，可以用一系列的连线来表示。张力的大

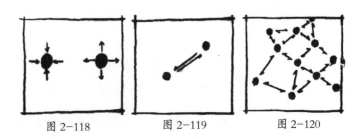

图 2-118   图 2-119   图 2-120

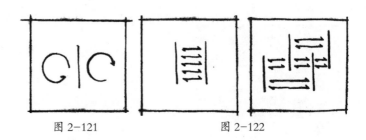

图 2-121 　　　　　　　　　　图 2-122

小取决于两点之间距离的远近。这些线是我们实际观察画面时视觉运动的图面表达。

2. 线

线的空间基本意义在于分割，将画面的区域进行一定的划分。

如图 2-121，线，由两个端点和端点之间的连线所构成，因此它的端点具有类似于点的聚焦和发散作用，而线具有方向性，这个方向性可以用线段的延长线来表示。

如图 2-122，当两根或两根以上的线段同时存在于画面，线段就将线段之间的空间围合起来。线段之间不同空间的间距产生比例的问题，因此比例也是一个空间的力。

3. 面

面的空间基本意义在于占据。面的面积占据了一部分画面空间。

图 2-123

如图 2-123，一个面（以矩形为例）有四个顶点和四条边，因而同时具有点和线的空间意义。

如图 2-124，我们在讨论面的空间问题时，并不太关心它占据了多少空间，而是它的边线和顶点如何与其他空间限定要素发生关系来限定它们之间的空间。

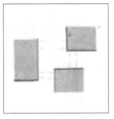

图 2-124

五　视觉的生理机制与知觉力

1. 视觉的生理机制

视觉，是通过视觉系统的外周感觉器官（眼）接受外界环境中一定波长范围内的电磁波刺激，经中枢有关部分进行编码加工和分析后获得的主观感觉。

如图 2-125，视觉的生理机制过程包括：光线→角膜→瞳孔→晶状体（折射光线）→玻璃体（支撑、固定眼球）→视网膜（形成物像）→视神经（传导视觉信息）→大脑视觉中枢（形成视觉）。

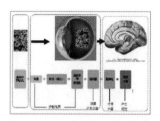

图 2-125　视觉的生理机制过程

2. "知觉力"剖析

格式塔心理学家们实验发现，大脑视皮层本身就是一个电化学力场。电化学力在此自由地相互作用，不像它们在那些相互隔离的视网膜接收器中那样受到种种限制。也就是说，只要这个视皮层区域中的任何一点受到刺激，就会立即将刺激扩散到临近的区域中。

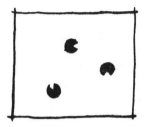

图 2-126

在大脑视皮层中，局部刺激点之间的相互作用是一种力的作用。观看者观察到的刺激点之间的力的作用，是活跃在大脑视中心的那些生理力的心理对应物，或者就是这些生理力本身。

图 2-127

虽然这些力的作用是发生在大脑视皮层中的生理现象，但是它在心理上仍然被体验为被观察事物的本来性质。

六　隐含形状与透明空间

1. 消极无序的空间

如图 2-126，观察这个图形，点为图，周边的留白为底。尽管这三个点之间存在张力，但是周围的空间从整体上呈现出一种消极和无序的状态。

2. 隐含的形状

如图 2-127，改变这三个点的位置，三个缺角圆之间就出现了一个三角形。这个三角形来自缺角圆点的缺角的暗示。由此，原先无序的消极空间变得积极起来，表现出

图 2-128

图 2-129

一种组织状态,可以把这种由其他形式要素的暗示而产生的形状称为隐含形状。

3. 透明的空间

如图 2-128,如果再把这个图解弄复杂一些,加入三个夹角线段,那么这组夹角线段也暗示一个三角形。此外,将图 2-127 的缺角圆点和这一组夹角线段进行特别的安排,使得两个隐含的形状相互叠加。

需要特别指出的是:由缺角圆点所暗示的三角形还得到夹角线段的端点的帮助,因而比之前更加明显。如此我们得到的是一个更为复杂的空间关系,需要作进一步分析。为了讨论的方便,我们要将这两个隐含的形状画出来,就是两个倒置的、相互重叠的框线三角形。我们关注两个三角形中间的重合部分,它的归属呈现模棱两可的状态:既属于由缺角圆点暗示的三角形,也属于夹角线段暗示的三角形。究竟属于谁,取决于观察者的解读。

4. 透明的空间的图示

图 2-129 所揭示的透明空间的图示,为两个相互叠加的三角形。

七 连续空间的三种状态

1. 消极空间

消极空间的构图就是要实现要素作为图空间的图底的状态。

在点的构图中,这一状态似乎比较容易实现,点散乱布置或形成组团,但是看不出点与点之间的空间具有图形的品质。

在其他两种情形中,要实现空间的无序似乎并不容易,因为要素具有足够的边界,容易使要素之间的空间变得积极。操作的要点是将要素分散。与下面两种状态相比，我们只能将其评论为空间界定不明确、缺乏组织（如图2-130）。

2. 单一空间

单一空间限定的构图是要空间形成单一的、隐含的形状。

要达到这一要求，关键是空间的边界界定清楚，同时要素保持相互分离。这样要素仍然是图，但是要素之间的空间也有图的性质。

在面和线两种情况中，这个目标似乎比较容易实现；而在点的情况中就比较复杂，这里尝试一种网格样的构图（如图2-131）。

3. 透明空间

透明空间的构图是要实现空间图形的相互重叠的状态。

相比较前一种单一空间限定的情况，这时的空间限定要弱得多，由点、线或面的边界（线）暗示一个空间图形的存在。我们可以将此类空间定义为空间带（Spatial Zone）。透明空间就是若干的空间带相互重叠。那些重叠的部分在隶属关系上可以有不同的解释，这取决于观察者如何来解释，因此会出现模棱两可的结果。

把透明空间构图与消极空间构图相比，它们之间的关系是很微妙的。它们都是比较松散的空间，但是透明空间借助空间带，从视觉上将各个部分联系在一起（如图2-132）。

4. 点线面限定的连续空间的练习

准备 9 张 21cmx21cm 的白色卡纸和若干张黑色卡纸，分别用形状和线条来完成无序空间、单一空间、透明空间这三种构图。为了简化问题，我们规定形状局限于 5 个矩

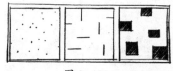

图 2-130

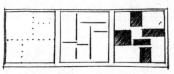

图 2-131

图 2-132

形，线条局限于 7 根单一的线段（5mm 宽），点局限于20~30 个方形点（5mm 宽），而且要素不能相互拼接，必须保持要素的完整。

5. 连续空间的建筑实例

如图 2-133，利特维尔德亭子的主体部分，由三片独立的墙体和两根柱子来支撑正方形的屋顶，周围的回廊也是由墙体和柱子来支撑屋面。从平面上看，墙体和柱子之间存在明确的对位关系，形成若干不同方向的空间带。这些空间带相互重叠，构成所谓"现象的透明"空间关系。仔细观察图片会发现，这种透明空间也反映在建筑的垂直向的空间组织上。建筑的主体和回廊构成两个不同的高度，这一高度的差别在亭子的内部通过砖墙表面砌筑方式的处理展示出来，从而形成两个不同高度的空间的重叠。

图 2-133 利特维尔德亭子，1955

第五节
空间与行为

一 行为的定义

1.概述

本文所讨论的行为主要指人的行为,空间的概念之前已经提过,在此不再重复介绍。人的行为是多彩多姿、纷纭复杂的,跑步、跳舞、演讲、开车、务农、做买卖、搞科研,形形色色、不胜枚举。

2.定义

人在与外界相互作用时,为实现某种预期目的(或出于潜意识)而使自身的机体所做出的连续反应或连续活动的过程,称为行为。

图 2-134 狭义的行为   图 2-135 广义的行为

3. 分类

行为有广义和狭义之分。狭义的行为是指能被观察到的一切外在的活动（如图 2-134）。我们的讨论重点即是狭义的行为以及行为与空间的关系。广义的行为除上述所讲外，还包括间接推知的内在的心理过程，如意识过程、潜意识过程等，这些也可称为隐行为（如图 2-135）。这些内在的行为通常只有当事人才能意识到，别人很难进行直接观察或预测。

二 空间是行为的容器

工业像一条流向它的目的地的大河那样波浪滔天，它给我们带来了适合于这个被新精神激励着的新时代的新工具。看看远洋轮船、飞机和汽车，建筑为什么不能变成居住的机器呢（如图 2-136）？

——勒·柯布西耶

图 2-136　德拉奇轿车，1927

图 2-137　银座索尼大厦，1966

用环境心理学研究了外部空间设计和街道美学，在此基础上创作了一批世界熟知的建筑作品（如图 2-137）。

——芦原义信

城市不仅是个空间，还是一种场所。人的存在是场所精神的灵魂。场所意味着行为和事件的发生，是具有清晰特性的空间（如图 2-138）。

——阿尔多·罗西

图 2-138　荷兰 Bonnefanten 博物馆，1990

三 行为决定空间

1.幼儿行为的独特性

幼儿喜爱游戏，如玩水、钻洞（如图 2-139 至图 2-140）；普遍喜欢接近自身身体尺寸的家具（如图 2-141）。

图 2-139 玩水

图 2-140 钻洞

图 2-141 喜欢接近自身身体尺寸的家具

图 2-142　成年人个体行为需独占一定空间

2. 成年人行为的普遍性

成年人个体行为需独占一定空间。美国人类学家霍尔在 19 世纪 20 年代提出了"个人空间气泡"的概念：每个人都有个人空间气泡，它是一个无形的领地（如图 2-142）。

成年人喜欢逗留在区域的边缘。日本学者观察发现，火车站的旅客总是想法设法让自己置身于人流线之外而靠柱子等候（如图 2-143）。

人在空间行为的分布分为三种：比较规则的聚块图形、随意图形和等距离规则图形（如图 2-144）。

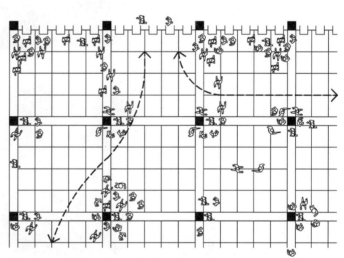

图 2-143　成年人喜欢逗留在区域的边缘

分类	图形	行为
聚块图形		聚会、外出游玩
随意图形		步行、休憩
规则图形		朝礼、授课

图 2-144　成年人行为在空间中分布的特质

81

3. 老年人行为的特殊性

老年人活动不便，因此老人卧室的面宽和进深应适当加大，室内还应预留出轮椅回转的空间（如图 2-145）；老年人力量不足，室内空间应设置竖向扶手，协助老人起立及行走（如图 2-146）；老年人不易弯腰，为了方便老人，可将常穿的鞋开敞放置，使其便于拿取、穿脱（如图 2-147）。

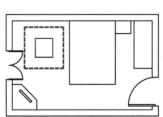

图 2-145　老人卧室布局

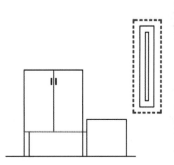

图 2-146　室内空间应设置竖向扶手

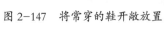

图 2-147　将常穿的鞋开敞放置

四　空间对行为的诱导与制约

1. 消极空间

人们在通过两侧较为封闭的街道时，通常选择快速通过、不做停留（如图 2-148）。

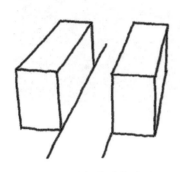

图 2-148　伦敦市展览路，2003

2. 积极空间

街道中间设置广场，吸引人们做出到其中休憩、交流等行为（如图 2-149）。

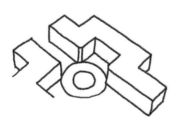

图 2-149　长泰广场，2011

3. 精神空间

教堂的室内空间高大宽敞，给人以庄严肃穆的精神洗礼（如图 2-150）。

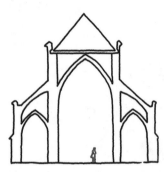

图 2-150　马加什教堂，1269

第六节 空间与场所

一 场所理论

1. 定义

《辞海》对"场所"一词的解释是"活动的处所"。而《说文解字》对"场"的解释为"场，祭神道也"。可见，从古代开始，场就被定义为人活动的空间，而且具备一定的精神含义。

2. 区别

空间与场所具有同质性，它们都是由城市实体所界定出来的虚体范围。场所是一种空间存在，先有了空间，有了场地，在此基础上才能形成场所。也就是说，空间是形成场所的基础。

空间与场所也存在不同之处。这两个词看似十分相近，但在城市规划领域或建筑艺术领域却绝不能相互代替，原因有如下三点。

（1）空间的范围更广。空间包含了场所，或者说场所只是空间的一部分。空间不一定是场所，但是场所一定是空间。

（2）空间可以分为积极的空间和消极的空间，而场所在概念中就设定了它是积极的、健康的、活力的、促进人们交往的、满足人们各种活动需求的地方，是一个特殊的领域。

（3）场所之所以为场所，是因为场所具有场所精神。场所寓意"精神的归属"，它包含人们对具体地方的归属感、认同感、信任感，拥有特殊的意义和象征（如图 2-151）。

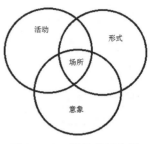

图 2-151　场所的概念图

3. 地点性和地区性

场所是人类活动普遍脉络过程中特殊性的呈现。

——玛塞

场所是一种感觉价值的中心、一种主观的人类建构，是生活与发展的前提。

——段义孚

建筑正是人们与外部场所互动关系的产物，其具有场所的标识性，场所才是建筑的含义。

——西蒙·昂温

图 2-152　意大利锡耶纳田园广场

图 2-153   印度泰姬陵

图 2-154   威尼斯圣马可广场

场所是由"活动""物质属性"和"概念"共同作用的结果。

——大卫·凯特

场所是空间结构历程的一部分，是由空间社会实践构成的，同时场所也是这些社会实践的重要组成要素。

——普瑞德

三 场所精神

"场所精神"最初是古罗马人提出的概念。古罗马人认为，所有独立的本体，包括人与场所，都有其守护神灵陪伴一生，同时也决定其特性和本质。

在德国哲学家马丁·海德格尔（Martin Heidegger）的现象学中，场所精神是天、地、神、人的集中体现。无论是人为的场所，还是自然的场所，一旦存在于世界，与人构成某种关系，就必然存在这种场所。场所与建筑和城市空间密切相关。场所精神存在于能够容纳体验、产生共鸣的空间之中，是空间体验的产物，也是空间的再创造。

图 2-155　布达拉宫

图 2-156　德国科隆大教堂

图 2-157　太阳金字塔

建筑现象学的莫基人、挪威建筑理论家克里斯蒂安·诺伯舒兹（Christian Norberg-Schulz）在他的《场所精神——迈向建筑现象学》一书中提出，人是场所的核心，场所是具有清晰特性的空间，是由具体现象组成的生活世界，场所精神的形成利用了建筑物赋予场所的特质，并使这些特质和人产生亲密的关系。

三 地域特征

建筑应与地域环境有机协调，形成富于地域特征的空间形态，提高环境意象的可识别性，使人们在心理上形成认同感和归属感。建筑与地域环境、空间、场所之间的关系，为地域建筑的创作提供了理论上的依据和基础。地域建筑之所以能保持永恒的生命力，因其来源于特色地区的悠久历史和文化，根植于特定的地理和气候，有赖于特有的材料和营造方式。地域特征可表现为如下两个特点。

1. 注重自然环境的认同

例如极寒地区爱斯基摩人的冰屋（如图 2-158）、沙漠地区厚重的蓄热墙体和屋顶（如图 2-159）、热带雨林地区干栏式建筑（如图 2-160）。

图 2-158　冰屋

图 2-159　新疆民居建筑

图 2-160　雨林树屋

2. 注重地域文化的认同

例如安徽传统村落（如图 2-161）。其民居外观整体性和美感很强；高墙封闭，马头翘角，墙线错落有致；黑瓦白墙，色彩典雅大方。

乔家大院（如图 2-162）作为山西平遥民居的代表，是一种全封闭城堡式的建筑群，青砖墙气势宏伟、高大威严。

石头村（如图 2-163）是太行山的一个传统村落，是一个由石头构成的世界。人们利用当地大量的天然石头资源，创造出几百座坚固的住宅，朴实无华而又坚固耐用。

广西三江传统村落（如图 2-164）保持着传统的木建筑。特定的观念方式、生活习俗和居住生活营造，使之形成自给自足的村落系统，并与周围秀美的自然环境有机地融为一体。

图 2-161　徽派建筑

图 2-162　乔家大院

图 2-163　石头村

图 2-164　广西三江传统村落

四 场所特性

在诺伯舒兹的场所现象理论中，场所是指一种物质的真实空间，而特性则是指由空间所产生的氛围，也可理解为空间场所的意义。"特性"产生于空间基础，强调空间的整体气氛，是一种对空间的集体意识倾向。空间的特性是人的真实生活与场所之间联系的纽带。例如米兰大教堂（如图 2-165）灵巧、上升的力量体现了教会的神圣特性；故宫（如图 2-166）表现出庄严宏伟的空间特性；拙政园（如图 2-167）将自然环境的实境再现于园中，富有诗情画意，如同人间仙境；农家小院（如图 2-168）则表现出轻松惬意的空间特性。

图 2-165   米兰大教堂

图 2-166　北京故宫

图 2-167　苏州拙政园

图 2-168　农家小院

五　象征

建筑中的象征，是指通过空间形式或外部形象的构成特征来表达一定的思想含义，传达某种情感，达到建筑师与使用者之间情感上的交流。象征化的过程包括时间的要素，因为这是一个长时期的积淀过程。此外，作为具体物象的建筑和抽象的象征意义之间存在着本质的不同，要想完成其转化过程，只能借助于人脑的思维机能，这涉及人的社会经历、文化素养、知识范围、民族传统等。象征可通过多种手段实现，例如色彩象征、符号象征、精神象征等。

1. 色彩象征

黄色象征高贵、华丽，在相当长时期内是中国皇家的御用色，如故宫大殿中的琉璃瓦与彩绘等装饰多呈金色（如图2-169）。灰色象征平和、质朴，故江南民居多为白墙灰瓦，寓意安逸、质朴的生活（如图2-170）。

图 2-169　北京故宫

图 2-170　江南民居

2. 符号象征

屋脊等处饰以各种传说中的神兽或神物,如龙、凤、狮子、天马、兽吻、螭首、宝瓶、华盖、火焰、法轮等,象征吉祥如意、镇凶避邪(如图 2-171)。瓦当上刻有不同的文字、图案,象征驱邪除恶、镇宅吉祥(如图 2-172)。建筑上饰以动物图案或雕塑,象征祈福消灾,例如北京恭王府(如图 2-173)被称为"万福园",因为其建筑中的众多蝙蝠装饰寓意"遍福",象征如意幸福延绵无边。古希腊帕提农神庙(如图 2-174)中,廊柱象征女性的柔美或男性的雄健,表现出人文主义精神,尽展人的力量。

图 2-173 北京恭王府的蝙蝠装饰

图 2-171 屋脊神兽

图 2-172 瓦当

图 2-174　帕提农神庙

3. 精神象征

古埃及人相信灵魂不灭，只要尸体仍然存在，灵魂就会在极乐世界复活并永生。金字塔代表了古埃及人对灵魂不灭的企望（如图 2-175）。

图 2-175　哈夫拉金字塔与狮身人面像

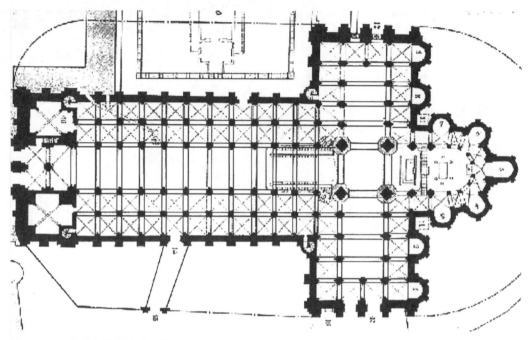

图 2-176　圣塞南教堂的平面图

图 2-177　光之教堂

　　观察圣塞南教堂的平面图（如图 2-176）会发现，教堂平面采用了耶稣受难的十字架形态，因为十字架被认为是基督教的象征。安藤忠雄设计的光之教堂（如图 2-177），十字架则象征了爱与救赎，因为耶稣是代表人类所有的罪被钉死的，于是神赦免了人类所有的罪，十字架因此也象征了救赎。

空间与环境

一 环境的含义与分类

加拿大建筑大师阿瑟·埃里克森（Arthur C Erickson）曾说，环境意识就是现代意识。环境（Environment）是指周围所在的条件，它包含内容多，涉及范围广。对不同的对象和学科来说，环境的内容也不同。对建筑学来说，环境是指室内条件和建筑物周围的景观条件（如图 2-178）。

自然环境，是人们生存的大环境。人类社会发展到今

图 2-178　英属哥伦比亚大学人类学博物馆，1976

天，赖以生存的自然环境因素包括空气、水、光、风等。
人文环境，指因不同的民族、不同的文化背景、不同的地
理气候条件决定了一个地域的人们的生活习惯、审美等存
在一定差异[1]。

"建筑环境，由于民族文化、宗教信仰、生活习俗、
美学情趣、等级观念、社会差别、传统技艺的不同，具有
不同的样相，显现出绚丽多姿的风采。建筑环境包括建筑
外部环境、内部环境，有时还涉及自然环境、空间环境、
历史环境、文化环境……以及地理环境——风水中的某些
相地、立基的条件和趋吉避凶的禁忌等"[2]。

二 空间与环境的关系

美国建筑师查尔斯·莫尔（Charles Moore）在《度
量·建筑的空间·形式和尺度》一书中指出，"建筑师的
语言是经常捉弄人的。我们谈到建成一个空间，其他人则
指出我们根本没有建成什么空间，它本来就存在于那里了。
我们所做的，或者我们试图去做的，只是从统一延续的空
间中切割一部分出来，使人们把它当成一个领域"。

其实，不仅被切割出来的那一部分建筑空间被人们当成
一个领域，如果从更大范围来看，就是在它之外并包围着它
的统一延续的空间——环境——又何尝不是一个领域呢？

三 空间与人的关系

芦原义信曾说，"空间基本上是由一个物体同感觉它
的人之间产生的相互关系所形成的"。关系的好坏所指向
的，即是人们对空间感知与体验之后的认可与满意程度，
美国城市规划专家凯文·林奇（Kevin Lynch）称其为"环

1 滕学祥. 环境艺术 [M]. 济南：山东美术出版社，2004.
2 余卓群. 建筑创作理论 [M]. 重庆：重庆大学出版社，1995.

境意象"。环境意象的研究是环境设计中一个极为重要的问题,而环境设计是环境的一个重要实践部分。

四 空间环境与人的感受

黑格尔在《美学》一书中指出,"建筑是与象征型艺术形式相对应的,它最适宜于实现象征型艺术的原则,因为建筑一般只能用外在环境中的东西去暗示移植到它里面去的意义"。

建筑环境学所研究的环境内容包括:建筑外环境、室内空气品质、室内热湿与气流环境、建筑声环境、建筑光环境等。

对环境的认同,是一个极为复杂和综合的心理过程。对环境的认同,需要在身体、想象与环境之间建立起互动关系。"体验是感觉(感受)与思想的结合"。环境感知因此并不仅仅是对环境的视觉、听觉、触觉等感官体验,而是一种综合感觉,既包括当下的感觉,也渗入了过去的经验记忆。实际上,环境的体验能够更全面地将人们的知觉引入光影、色彩、声音、气味、质感等的流逝变化之中,并由此联想过去的生活经历与经验,结合形成一种复杂的感受。

因此,本节选取与建筑设计关系最为紧密的自然环境要素(以光、水、气候等为例),将通过图例重点介绍"空间 - 环境 - 人的感受"之间的关系,具体见表2-1。

空间特征	环境要素	人的感受
空间序列:轴线、节奏等	光、水	视觉
空间诱导:导向性等	光、水	视觉
空间限定(建筑单体为主):水平扩展、垂直引导、连接、融合、领域、边界、层次、延展聚焦、不定性、虚空间、围透、造型等	光、水、风	视觉、触觉
空间布局(建筑群体为主):建筑群规划布局等	风	触觉
空间氛围:情绪等	光、水、风	视觉、听觉、触觉
材质特性:材料肌理、表情等空间表情	光、水	视觉、触觉
时间:空间的四维属性	光、水	视觉、触觉

表2-1 "空间 – 环境 – 人的感受"之间的关系

五 空间与光

1. 光与影

从（自然）光入射的角度、与材料发生的关系等方面，大致可将光的照射分为：直射、漫射、衍射、透射、反射等。

从建筑设计角度思考光，自然季节的变换、一天中的不同时间，都会有不同的光影效果（如图 2-179）。

天空洒下光，使大地得以呈现多姿多彩的样貌。没有光线，空间物像就会被吞没至漆黑无形。所有存在于自然界中的物质形象，如山岳、河流、大气、人类等，都由被消耗掉的光所构成。这一团被称为物质的实体投下了阴影，而阴影源属于光（如图 2-180 至图 2-186）。

我们眼睛的作用就是在阳光下感受形体。

——勒·柯布西耶

建筑是捕捉光的容器，就如同乐器如何捕捉音乐一样。

——理查德·罗杰斯

我喜爱很多······自然光：我想要抓住天空的蓝色。

——卡洛·斯卡帕

图 2-179　建筑与光影效果

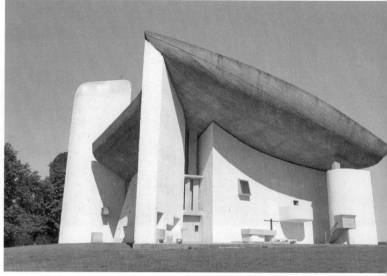

图 2-181 法国朗香教堂，1955

图 2-183 意大利卡诺瓦雕塑博物馆，1956

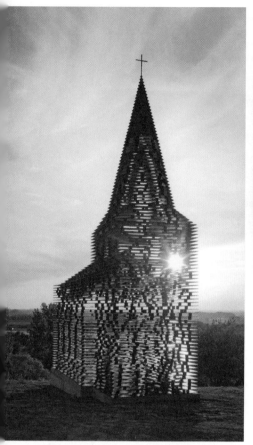

图 2-180 比利时透明教堂，2011

图 2-182 法国蓬皮杜国家艺术文化中心，1977

图 2-184　住吉的长屋，1976

在我的作品中，光永远是一种把空间戏剧化的重要元素。通过将自然和光引入那些与城市环境相隔离的简单几何体中，我创造了复杂的空间。

——安藤忠雄

西扎最好的建筑其实不是真正的建筑，它们是嵌入当地文脉中的光与空间的容器。

——威廉·柯梯斯

设计空间就是设计光。光，是人间与神境相互对话的一种语言，并且是人性与神性共同显身具象化的领域。砖自己就想成为拱！在这儿，光线有表达自我和空间的权利，而巨形砖拱下的阴影就像眼睛在向外探视。

——路易斯·康

图 2-185　巴西 IbereCamargo 先生
基金会，不详

图 2-186 艾哈迈德巴德印
度管理学院，1974

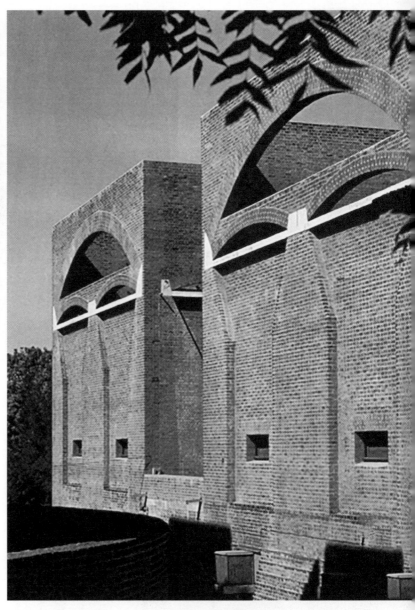

2. 光与空间序列

光影强化流线，通过空间尺度及光的亮度形成多层次
的序列，使人在行进中感受空间变化（如图 2-187）。

3. 光与空间诱导

光影具有导向性。如图 2-188 所示的光之教堂，就是

图 2-187　柏林犹太人博物馆，2005

通过"明框效应"吸引人的注意，起到导向作用。再如图 2-189 所示的内格夫旅纪念碑，是通过规律的光影，强化空间向前方延伸的导向性。

4. 光与空间限定

光与空间限定的常见手法有：水平扩展、垂直引导、连接、融合、领域、边界、层次、延展、聚焦、不定性、虚空间等。

图 2-189　内格夫旅纪念碑，1968

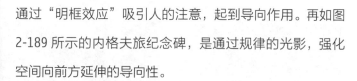

图 2-188　光之教堂，1989

图 2-190　苏州博物馆新馆，1960

图 2-192　某建筑内部

图 2-191　柏林犹太人博物馆内部，2005

图 2-193　某景观建筑

（1）水平扩展与垂直引导：主要指光影的强弱、虚实、位移能强化、改变建筑空间的尺度、比例、形状。如图 2-190 所示的苏州博物馆新馆，就是通过光影变化来延伸水平通道的长度。如图 2-191 所示的柏林犹太人博物馆内部，是通过采光口由下而上地聚焦，进行竖向空间连续。

（2）边界与融合：主要指光影强化室内空间的分割与联系。如图 2-192 所示的某建筑内部，光线使人产生区域划分之感，由此确定空间边界。如图 2-193 所示的某景观建筑，光影将墙面、顶面、底面空间融为一体。

（3）连接与延展：主要指借由光影形态，形成空间弱化差异，以突显相似性，或将某一空间的特质延伸至另一空间。如图 2-194 所示的某建筑内部，光影将方形空间变为斜向，将垂直、水平方向的空间以及内外空间连接。如

图 2-195 所示的美秀美术馆，通过阳光的移转，将自然形貌投射到建筑内部，建筑内部空间则延伸到户外。

（4）聚焦与虚空间：聚焦主要指利用人的向光性来引起视觉聚焦，从而突出个体，打破空间的单一均衡。如图 2-196 所示的古根海姆美术馆，其顶部玻璃天窗就形成了空间聚焦。

图 2-194 某建筑内部

图 2-195 美秀美术馆，1997

图 2-196　古根海姆美术馆，1959　　　　　图 2-197　麻省理工小教堂，1955

　　　虚空间主要指视觉空间从一定意义上是光空间与实体空间融合或叠合的结果，一部分光从实体中游离，形成光的空间——虚空间。如图 2-197 至图 2-198 所示的麻省理工小教堂,顶部倾泻而下的天光与装饰物形成了虚空间。

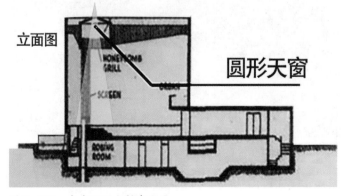

图 2-198　麻省理工小教堂立面

图 2-199　法国朗香教堂，1955

图 2-200　美国圣伊纳爵教堂，1851

5. 光与空间氛围

建筑的光环境依靠透光、反光、折光等手段来控制光的强弱、色彩、方向、阴影等，创造出各异的空间氛围，诱发人们的情绪。例如图 2-199 至图 2-200 所示的教堂，光影塑造了神秘、安详、欢愉的空间氛围。

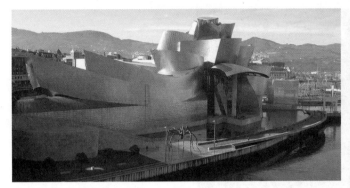

图 2-201　古根海姆博物馆，1959

6. 光与材质特性

光是一种空间创作材料，光能改变构成实体空间的各种材料的肌理、表情，从而影响空间的表情。例如图 2-201 所示的古根海姆博物馆，抛光的钛金属板随光源变化而变化，反射与映射、眩光与泛光交织在一起，创造出虚幻、迷离、千变万化的空间效果。

7. 光与时间

时间是空间不怠的流程，空间是时间永远的容器。随着时间和季节的变化，光的强弱、投影面积等都将产生周

图 2-202　古罗马万神庙，124

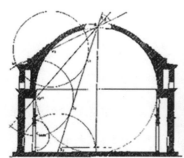

图 2-203　万神庙光影变化示意图

图 2-204　太阳光束直射大门

期性变化。以光度量时间，时间是建筑空间的第四维度。同一个空间形体会在时间推移中不断出现新形象，良好的光影设计可以使空间产生流动感。例如图 2-202 至图 2-204 所示的古罗马万神庙，其顶部的光每年会有一次照射在特定部位。

六 空间与水

　　水可塑形，亦可发声。利用环境，在于"巧于因借，精在体宜"。水的声音亦是利用环境创造空间的重要手段（如图 2-205 至图 2-207）。

图 2-205　圣·克里斯特博马厩与别墅，1968

图 2-206　流水别墅，1935

图 2-207　水之教堂，1988

我相信，在贝多芬创作的某些时候，会有建筑浮现于他眼前。无论那些建筑是怎样的形式，它们具有和我的作品相似的特征。

——劳埃德·赖特

水具有刺激想象力、唤起各种可能性的不可思议的能力。水本身是没有色彩的物质，但是水的世界又具有无限色彩。水是照物之镜，与人的精神层面相关。

——安藤忠雄

1. 水与空间序列

水流通过面积、强弱、形状的变化，突出轴线，形成空间序列。水流通过方圆、宽窄的变化，形成轴线，明确院落的空间序列（如图 2-208）。

图 2-210　巴塞罗那国际博览会德国馆，1929

图 2-208　阿尔汗布拉宫狮子院，1391

2. 水与空间诱导

水流强化流线，具有导向性。例如图 2-209 所示的由路易斯·康（LouisI Kahn）设计的萨克生物研究院，汇聚于一处的涓涓细流突出了轴线，引导人流。再如图 2-210 所示的由密斯·凡·德·罗设计的巴塞罗那国际博览会德国馆，片墙与大片水池形成转折的轴线，突出了入口。

3. 水与空间限定

水体大小、强弱、静动、形状能够强化、改变建筑空间的尺度、比例、形状，柔化生硬的异形空间，平衡建筑形态。

（1）水平扩展与垂直引导

例如图 2-211 所示的由安藤忠雄设计的京都府立陶板画名庭，平静的水面对大小不一的空间进行了水平接续扩展。图 2-212 所示的大阪府立狭山池博物馆也是安藤忠雄的作品，贴于墙面的细密水流将人的视线引上垂直墙面。

图 2-209　萨克生物研究院，1965

图 2-211　京都府立陶板画名庭，1994　　　　图 2-212　大阪府立狭山池博物馆，2001

（2）边界与融合

　　水体可强化室内外空间的分割与联系。例如图 2-213 所示的由保罗·安德鲁（Paul Andreu）设计的中国国家大剧院，人工湖将椭圆形建筑与周边环境划分开来。再如图 2-214 所示的由安藤忠雄设计的福特沃斯现代美术博物馆，

图 2-213　中国国家大剧院，2007

图 2-214　福特沃斯现代美术博物馆，2002

水面倒影强化了建筑形态，并柔化了建筑与地平的界面交接，同时形成凹形水院空间。

（3）连接与延展

镜面水池利用其流动性和反射性，将内外、远近、前后空间相联系。例如图 2-215 所示的由周恺设计的天津大学冯骥才文学艺术研究院，镜面水池将建筑实体分割的前后空间有机连接，形成灰空间。再如图 2-216 所示的由张鹏举设计的内蒙古工业大学建筑馆，门厅内的水面通过玻璃窗下部与室外水面连通，内部空间向外延展，室内外空间互相渗透。

图 2-215　天津大学冯骥才文学艺术研究院，2005　　图 2-216　内蒙古工业大学建筑馆，2010

4. 水与空间氛围

水烘托了空间氛围，不同的水面大小与形态会直接或间接地塑造不同的空间意境。例如图 2-217 所示的斯坦福大学茶隼冥想中心，大面积平静的水面营造出静谧、安详、禅意的空间氛围。再如图 2-218 所示的由桢文彦设计的风之丘火葬场，小面积的静水面配合潺潺流入的水声，营造出寂灭、虚空、超脱的空间氛围。

图 2-217　斯坦福大学茶隼冥想中心，2016

图 2-218　风之丘火葬场，1997

5. 水与材质特性

水体与透明、半透明或不透明的建筑材料配合使用，形成不同的空间效果。例如图 2-219 所示的由保罗·安德鲁设计的国家大剧院水下长廊，顶部水面与透明玻璃的组合给人以摇曳变化的空间感受。

6. 水与时间

从水与冰的形态变化、水的文化源流，可以体味时间的流转，感受建筑空间的时间性。例如图 2-220 所示的由弗兰克·劳埃德·赖特（Frank Lloyd Wright）设计的流水别墅，溪水与冰雪的变化，展现了四季魅力，令人感受

图 2-219　国家大剧院水下长廊，2007

图 2-220　流水别墅，1935

到建筑空间的四时变迁。再如图 2-221 所示的奎瑞尼·斯坦帕里亚基金会，威尼斯城内的水被引入建筑空间中，水面涨落之间尽显城市悠久的历史感。

七　空间与风

　　从物理实验我们知道，空气占据空间。流动的空气称为气流，例如风。风过留声，风声常对人产生别样的心理触动，形成富有故事性的空间效果（如图 2-222 至图 2-224）。

图 2-221　奎瑞尼·斯坦帕里亚基金会，18 世纪

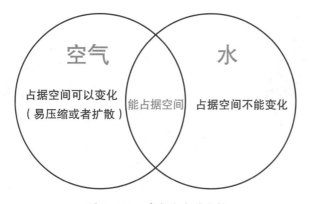

图 2-222　空气和水的比较

图 2-223　小筱邸住宅，1984

在庭院中，自然每天都展现一个不同的方面。庭院是在住屋中展开的生活核心，它引介着诸如光、风和雨等自然现象，而它们在城市中正在被人们所忘却。

——安藤忠雄

卧闻风声

卧闻风声吹屋角，

应扫积雨阴漫漫。

千山月黑鸟飞绝，

一江星斗鱼龙寒。

——张耒（北宋）

图 2-224　风吹檐铃

图 2-225　北方烟囱造型

1. 风与空间限定

作为气候要素的风，人们常因其方向、大小来决定不同地域的不同空间形式。

（1）北方封闭型通风文化与烟囱文化

北方寒冷，通常是门扇或窗框的间隙提供换气。高大的烟囱是一种消极性通风，形成了独特的烟囱文化（如图2-225）。

（2）南方开放型通风文化与干栏建筑

南方常采用开放型"火塘"让排气自由窜出，开窗大、间隙多的干栏建筑是典型代表（如图 2-226）。

（3）风压与传统合院空间

南方的天井，门户相对，院落的宽窄变化形成风压，利于通风。北方的院落，密闭不透而又空间宽阔，利于日照，便于避风（如图2-227）。

图 2-226　西双版纳干栏建筑

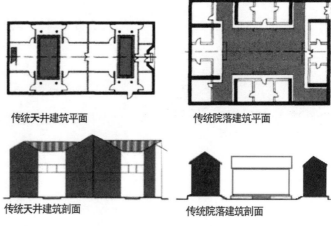

传统天井建筑平面　　　　　　　传统院落建筑平面

传统天井建筑剖面　　　　　　　传统院落建筑剖面

图 2-227　天井与院落

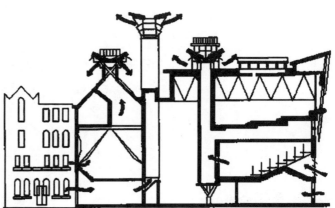

图 2-228　英国德蒙特福德大学女王馆及其通风示意图

（4）风压与现代中庭空间

根据浮力通风原理，在中庭或挑空空间的建筑物较能发挥所长（如图 2-228）。

（5）风阻与现代高层空间

高层空间需承受较强的风力荷载，在空间造型中以减小风阻为目标。外部空间造型采用扭转的形体来化解边角强气流对建筑的冲击，内部也顺势形成富于变化的曲线空间（如图 2-229）。

图 2-229　上海中心大厦，2016

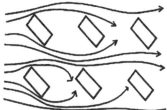

图 2-230　利于冬季避风

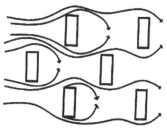

图 2-231　利于夏季通风

2. 风向与空间布局

建筑群体空间布局需考虑主导风向，以趋利避害：规避冬季冷风，畅通夏季暖风，充分利用穿堂风，提高不同气候条件下建筑的室内空间品质（如图 2-230 至图 2-233）。在考虑风向、风力、通风需求的前提下，中国南北方建筑形成了北方厚重密闭、南方轻盈通透的空间造型特征。

例如图 2-234 所示的泉州市图书馆示意图，狭窄的斜向空间作为风道，形成了穿堂风。再如图 2-235 所示的气流别墅，中部的凹形空间避免了强气流冲击。

3. 风声与空间氛围

风声及其与周围环境相互作用而产生的声音，营造出自然而独特的空间氛围。例如图 2-236 所示的由安藤忠雄设计的六甲山教堂，因其"风之长廊"设计被称为"风之教堂"，这样的设计既连通了不同空间，又营造出愉悦、平和、崇敬的空间氛围。

八 空间与环境

安藤忠雄曾说："光赋予美以戏剧性，风和雨通过其对人体的作用给生活增添色彩。建筑是一种媒介，使人们感受到自然的存在。"总之，空间与环境是相辅相成、互为依托的。光、水、风所代表的环境要素与简洁的建筑形体共同塑造出令人震撼、发人深省的空间效果（如图 2-237 至图 2-238）。

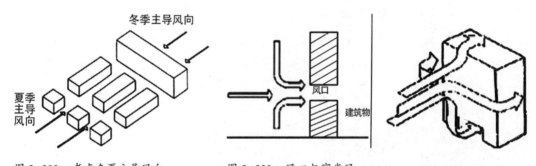

图 2-232 考虑冬夏主导风向   图 2-233 风口与穿堂风

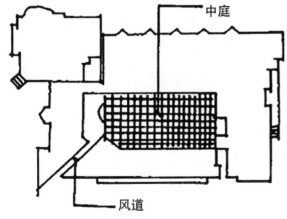

图 2-234 泉州市图书馆，1958

图 2-236　风之教堂，1989

图 2-235　气流别墅，2007

图 2-237　大山崎山庄地中馆，2004

图 2-238　丰岛美术馆，2010

第三章

材料与建构

MATERIALS
AND TECTONIC

材料认知

　　材料是形的载体。建筑赋予材料设计思想，并把这种思想变成现实存在（如图 3-1 至图 3-4）。

　　混凝土给人以厚重的粗糙感，砖石给人以历史的地域感，石材给人以高贵的华丽感，木材给人以温暖的亲近感，玻璃给人以轻盈的通透感，钢材给人以结实的力量感。

名称	特性	使用范围	表现力
混凝土	人工材料、可塑	结构、表皮、室内	力量、粗糙
砖石	砌体、受压	结构、表皮	地域性、历史感
木材	天然材料、纹理	结构、表皮	自然、亲切感
玻璃	人工材料、质脆、透光	表皮、门窗	通透、明亮
钢材	坚固、线性	结构、表皮	力量、现代感

图 3-1　上海世博会世博轴，2010

图 3-2　小筱邸，1981

图 3-4　法国埃弗里大教堂，1992

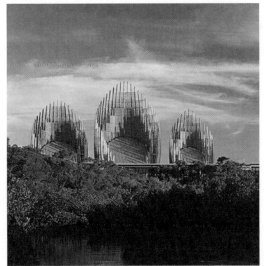

图 3-3　提巴欧文化中心，1998

■ 混凝土

混凝土是现代建筑常用的建筑材料，常常与钢材结合
起来组成钢筋混凝土，多用于建筑的支撑结构。若将混凝
土不加装饰地裸露在建筑的表皮，常常会得到意想不到的
效果。

1. 光之教堂

光之教堂（如图 3-5）位于日本大阪城郊，是安藤忠
雄的代表作品之一，建成于 1989 年。坚实厚重的清水混
凝土围合出一片幽暗的空间，让人瞬间感觉与外界隔绝，
阳光从墙体的水平垂直交错开口里倾泻进来，这便是著名
的"光之十字"——神圣、清澈、纯净、震撼。

2. 混凝土缝之宅

混凝土缝之宅（如图 3-6）是青年建筑师张雷最负盛
名的代表作品之一，位于南京市民国文化保护区内，建成

图 3-5　光之教堂，1989

于 2007 年。从屋顶到墙面，全部由混凝土浇筑而成，保留了混凝土的原生肌理效果。

图 3-6　混凝土缝之宅，2007

三 砖与石

砖石是最古老的建筑材料，应用广泛，以其强大的适应性和独特的表现力被广大建筑师所喜爱。它们直接或间接地表现着自然的质感，其砌筑体的尺度感也更易被人们所接受。

1. 高淳诗人住宅

高淳诗人住宅（如图 3-7）是两位诗人的私人住宅兼工作室，也是张雷的又一作品。设计延续了"院落"的主题，主要体现在总平面和内部空间上。建筑的外表皮为了强化其材料的地方性，全部用砖严实地包裹起来，每一处墙面都是空洞、砍半砖和凸半砖这三种砌法进行立体主义式的抽象编织。

图 3-7　高淳诗人住宅，2007

2. 宁波博物馆

宁波博物馆（如图 3-8）是建筑师王澍"新乡土主义"建筑风格的最典型代表，建成于 2008 年。外观设计上大量地运用了宁波旧城改造中积累下来的旧砖瓦、陶片，形成了 24 米高的"瓦爿墙"；同时用毛竹制成特殊的模板浇筑清水混凝土墙，毛竹随意开裂后形成的肌理效果得以清晰显现。

图 3-8　宁波博物馆，2008

三 玻璃与钢

作为现代主义美学的一部分，玻璃与钢常常相伴出现。两种材料的结合为建筑带来了强度与精美的表现，使建筑显得纤细而轻盈。它们同时赋予建筑以更具人工化、现代感的形式和更加透明的空间。

1. 卢浮宫玻璃金字塔

卢浮宫玻璃金字塔（如图 3-9）位于卢浮宫的主庭院——拿破仑庭院，是一个用玻璃和金属建造的大金字塔，周围环绕着三个较小的金字塔。大金字塔作为卢浮宫博物馆的主入口，由美籍华人建筑师贝聿铭设计，1989 年建成，已成为巴黎的城市地标之一。

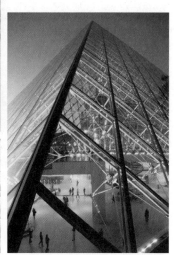

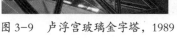

图 3-9 卢浮宫玻璃金字塔，1989

2.乔治·蓬皮杜国家艺术文化中心

乔治·蓬皮杜国家艺术文化中心（如图 3-10）坐落于巴黎拉丁区北侧、塞纳河右岸的博堡大街，是一座由钢管和玻璃管构成的庞然大物，特别引人注目。其外部钢架林立、管道纵横，并且根据不同功能分别漆上红、黄、蓝、绿、白等颜色。因这座现代化建筑的外观极像一座工厂，故又有"炼油厂"和"文化工厂"之称。

图 3-10　乔治·蓬皮杜国家艺术文化中心，1977

四 木材

木材是最有生命力的建筑材料，很少有材料像木材那样唤起人们对大自然的想象，它的质感、色泽和纹理揭示了从自然到人工、从森林到建成环境的过渡。

2000 年，德国汉诺威世博会瑞士展览馆（如图 3-11）由彼得·卒姆托设计，其将锯好的 37000 块来自瑞士本土的松木条以最简单的方式累积成架空木材墙，每堵墙高 9 米，通过平面的纵横、穿插、组合，组成 3000 平方米迷宫式的展览空间。

图 3-11 汉诺威世博会瑞士展览馆，2000

五 其他材料

除了混凝土、砖石、玻璃与钢、木材等已被广泛使用的材料之外，一些新型材料也逐渐被应用于建筑领域。这些材料或具有特殊的物理性能，或更加节能环保，或更加轻盈，如张拉膜材料等。

1. 国家游泳中心

国家游泳中心又称"水立方"（如图 3-12），位于北京奥林匹克公园内，是北京为 2008 年夏季奥运会修建的主游泳馆，也是 2008 年北京奥运会标志性建筑物之一。整个建筑内外层包裹的 ETFE 膜（乙烯 - 四氟乙烯共聚物）

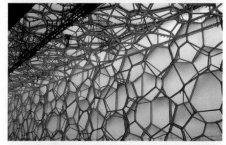

图 3-12　国家游泳中心，2008

是一种新型轻质材料，具有高效的热学性能和透光性，可以调节室内环境，实现冬季保温、夏季散热，还可避免建筑结构受到游泳中心内部环境的侵蚀。

2. 世博轴

世博轴（如图3-13）是上海世博园区内最大的永久性单体工程，全长约1000米，宽约110米，总建筑面积约25万平方米，造型新颖独特。世博轴屋顶长约840米，宽约97米，巨型索膜结构如同蓝天中的朵朵白云。

图 3-13　上海世博会世博轴，2010

材料与设计

一 材料的意义

芬兰建筑师尤哈尼·帕拉斯玛（Juhani Pallasmaa）曾说："材料的表面有其自己的语言。石头讲述着它遥远的地质起源、耐久力和永久性；砖使人想到泥土和火焰、重力和建造的永恒传统；青铜唤起人们对它制造过程中极度高温的联想，它的绿色铜锈度量着古老的浇铸程序和时间的流逝；木材讲述着它的两种存在状态和时间尺度：它作为一棵生长着的树木的第一次生命，以及在木匠手下成为人工制品的第二次生命。

图 3-14　汉诺威世博会瑞士馆，2000

二 材料与空间

材料是创造建筑空间最根本的要素。材料与空间是互补的，以材料来丰富空间的创造，以空间来表现材料的真实，以此达成一种真正的平衡。

三 材料与设计

材料，是一切绘画、雕塑、建筑、设计呈现的载体，是一切物质文化体现的载体。

设计是一种制造计划，是人们有意识地把材料转变成为具有使用价值或商品价值的产品的计划。

建筑师的使命是在设计中创造性地使用材料，通过巧妙地运用材料，使建筑产生具有文化品位的性格（如图3-14至图3-16）。

图 3-15　克劳斯兄弟田野教堂，2007

图 3-16　红砖美术馆，2012

四 材料的设计特征

在《走向新建筑》一书中，勒·柯布西耶（Le Corbusier）曾写道："墙壁以使我受到感动的方式升向天空。我感受到了你的意图。你温和或粗暴、迷人或高尚，你的石头会与我对话。"此时，建筑材料不再是冰冷的无生命物质，也不是材料科学中不带感情色彩的客观描述，而是承载人类感情的容器、表达情绪的手段。通过造型，建筑师可以与使用者的眼睛对话，而通过材料，却能够与心灵交流，例如图 3-17 所示的由勒·柯布西耶设计的法国朗香教堂。

图 3-17　法国朗香教堂，1955

关于材料，即使一座最简单的房子也包含两个层面的价值：一是使建筑能够站立起来，满足基本使用需求；二是使建筑看上去具有某种知觉特征。在设计中，常见的材料特征主要表现为戏剧性、感知性和时间性。

1. 戏剧性

建筑并非只是提供起居之用的冷漠躯壳，它还承载着人类的情感。建筑形态无论是否经过了深思熟虑，它的材料都负载着某种信息和意图，其中包含了很多具体的情境，比如矛盾、错觉、模糊、陌生化等。例如图 3-18 所示的由托马斯·赫斯维克（Thomas Heatherwick）设计的上海世博会英国馆。该馆主体建筑就像绿色城市中的一朵蒲公英，是由 6 万根蕴含植物种子的透明亚克力杆组成的巨型"种子殿堂"。这些触须状的"种子"顶端都带有一个细小的彩色光源，可以组合成多种图案和颜色。所有的触须都可随风轻微摇动，使展馆表面形成各种可变幻的光泽和色彩。

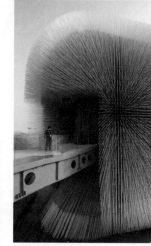

图 3-18　上海世博会英国馆内外部，2010

2. 感知性

建筑中的材料不仅有物理性能（如抗压、抗弯、抗拉强度等），还有质感、触感、感知等特征。美国实验心理学家詹姆斯·吉布森（James J Gibson）将人的感官分为视觉系统、听觉系统、味觉-嗅觉系统、触觉系统等。在设计中，当材料的质感被赋予意义并得以表现时，建筑即实现了其感知的特征。

例如图 3-19 所示的 2000 年汉诺威世博会瑞士馆。该馆以管弦乐曲为灵感，采用木材、沥青和钢材组合而成的悬挂结构体系。彼得·卒姆托将其称为"木材围墙"。温和的音乐、美味的食物、饮料的气味与木材的香味混合在一起，展现出自然的感觉。整个建筑成为一个共鸣箱，不仅收集声音产生共鸣，还能发出不同的声响。在不同光线、运动、声音、气味的条件下，人们能感受到建筑持续变化的动态。世博会结束后，木材可以回收再利用。

图 3-19　汉诺威世博会瑞士馆内外部，2000

图 3-20　宁波博物馆外观，2008

3. 时间性

建筑中的材料从来都不是静态的，而是时间中的材料。建筑材料作为用于建造的物质，其材质在时间过程中的变化，改变了建筑的形态、空间性质以及人的感知，这一过程构成了建筑材料的时间性。在不断老去的变化中，材料拥有了生命的印记，建筑则沉浸在历史的长河中。

例如图 3-20 所示的由王澍设计的宁波博物馆。该馆大量使用回收建筑材料，一方面体现了宁波地域的传统建造体系，其质感和色彩完全融入自然；另一方面的意义在于对时间的保存：回收的旧砖瓦承载着几百年的历史，见证了已消逝的历史，这与博物馆本身是"收集历史"的理念相吻合。而"竹条模板混凝土"则是一种全新创造，竹是具有江南特色的植物，它使原本僵硬的混凝土发生了艺术质变。

五 材料的设计思维

在建筑设计中，以材料及构造为突破点的思维模式始终占领着一方思维领地，并成为设计思维中一道独特的风景线。下面以建筑师及其作品为例，介绍几种主要的设计思维模式。

1. 材料与空间的渗透

在 1929 年巴塞罗那国际博览会德国馆（如图 3-21）中，密斯·凡·德·罗将盒体分解为板片，并以独立的形态呈现，各板片之间以一种模糊的方式来建立空间的区域性。在板片的连断之间，材料与空间形成了双重的渗透。其中屋顶和基座的材料较为单纯，而垂直面上出现的材料则十分多样：玻璃包括绿色、灰色、乳白色，石材则有罗

马灰华岩、绿色大理石和玛瑙石。这些材料
的相互位置关系不仅限定了空间区域，也区
分了空间的等级关系。

图 3-21 巴塞罗那博览会德国馆内外部，1929

2. 材料与空间的契合

从"服务"与"被服务"的空间关系出发，路易斯·康
将埃克塞特图书馆（如图 3-22）的基本关系转化为两个层
次之间的对话：用作藏书的内层与用作阅览的外层。这两
个空间层次被通过材料和由之而来的结构加以区分，即内
层的钢筋混凝土结构与外层砖结构相结合。材料都被精心
地浇筑和砌筑，在体现材料结构差异性的同时，也通过工
艺痕迹的留存完美表述了它们的质感特征和建造的真实性。
这一双重复合结构序列也成就了光的序列：内层书库浸润
在天光之中，而外层阅览空间里，阳光则洋溢在砖的温暖
气息之中。

图 3-22　埃克塞特图书馆内外部，1972

3. 材料与空间的匹配

瓦尔斯温泉浴场（如图 3-23）充分体现了彼得·卒
姆托使用材料的方式：感性而又精确，探及本质。他通过
对石头材料本身的质地研究，发展了一种"瓦尔斯复合结
构"：先层层砌筑灰绿色片麻岩，然后在另一侧浇筑混凝
土形成整体结构。温泉以液体形态从地质岩层中涌出，以
气体形态继续在片麻岩层砌的墙体结构中氤氲运动。石头

图 3-23　瓦尔斯温泉浴场内外部，1996

浅蓝的色泽及砌筑成的横向肌理与泛着蒸汽的水虽各自独立，但又相得益彰。材料不再仅仅以加工的痕迹来表明它的真实，去除了文学化的意义与象征，材料只成为它自己，与空间共同演绎着现象学方式的呈现。

　　4. 白墙的空间内涵

　　勒·柯布西耶认为，地中海流域建筑中令人无法抗拒的魅力源自于那些洁白的墙面，正是白墙，才使得建筑成

图 3-24 萨伏伊别墅内外部，
1930

为"形式在阳光下壮丽的表演"。在他 20 世纪 20 年代的住宅设计中，几乎无一例外地使用了白色粉刷作为外墙的表面材料。通过隐匿构造建筑的真实材料以及它们具体的感官性，来凸显建筑的形式和空间的抽象品质。

在勒·柯布西耶设计的萨伏伊别墅（如图 3-24）中，底层架空柱托起了由白墙组成的立方体，物质性在此被隐匿，整座建筑透明而静谧。随着时间的流逝，光与影会不断产生变化，白墙从视觉中消失，空间因为光影走上舞台，成为建筑的主角。对于每一个简单的矩形空间来说，其魅力来自于空间的组织和展开的序列，人们需要通过身体性的经验才能领会到这一空间特征。

5. 材质的单一性

安藤忠雄除了早期部分作品外，其他作品几乎都是用清水混凝土来表现。他把原本厚重、表面粗糙的清水混凝土，转化成一种细腻精致的纹理，并以一种近乎均质的质感来呈现。他通过隐匿结构的真实性，获取了构件在几何形态上的纯粹性以及空间的抽象性品质。他"所用的混凝土并不给人一种实体感和重量感，它们形成一种均质化的轻盈表面，……墙体的表面于是变得抽象，似乎在趋向于一种无限的状态。此时，消失的是墙体的物质性，为人的知觉所留下的只有对于空间的限定"。有了光滑如丝的混凝土，他使用的墙体以及以此塑造出的空间有着一种独特的表现力（如图 3-25）。

图 3-25　小筱邸内外部，1981（1）

图 3-25　小筱邸内外部，1981（2）

6. 纯粹的光

阿尔伯托·坎波·巴埃萨（Alberto Campo Baeza）将"概念、光、空间"定义为建筑的三个本质要素，并强调光之于建筑的根本性意义。他的作品剖面首先推敲的是光与空间的精确关系，光被窗口捕捉后组织成光束，开始了光在建筑中的旅程。光沿对角线的角度从建筑的这头进入空间中，沿途受到各种阻拦，最后穿越到建筑的那一头。阿森西奥住宅（如图3-26）被称作"光与影的盒子"，住宅的建造极其简单，以白色粉刷覆盖，而内部却是空间与光的真正表演，白色的墙面与顶棚成为不可或缺的单纯背景，一个光的舞台就此形成。

失去了材料的具体，成就了空间的抽象。对巴埃萨而言，这种抽象性似乎是专为光的穿行和徜徉而存在。光成为了空间的主角，具有了某种独立的意义。建筑去除了宗教性的神秘，只留下一种独特的感性品质。

图 3-26　阿森西奥住宅内外部，2001

　　不同材料形成的建筑表皮所传达出的各种信息给予人们视觉、触觉等多方面感受,这些信息包括形体、色彩、肌理、透明性（如图 3-27）。

图 3-27　不同建筑表皮所传达出的信息

图 3-28　美国环球航空公司候机楼，1962

图 3-29　混凝土表皮建筑

一 材料与形体

1. 关联性

从形态构成的角度分析建筑材料和形体设计的关联性，不同的材料由于其本身物理属性的不同而具有不同的延展性，这对于建筑形体的创造起着至关重要的作用。

2. 常见材料

常见材料包括混凝土、金属、玻璃、木材、石材等。

（1）混凝土

形体表现特征：可塑性强

混凝土具有前所未有的极为优异的可塑性能，模板的形状决定了混凝土的形式，可以被塑造为自由的几何形，结构设计与雕塑艺术的界限变得模糊起来（如图 3-28 至图 3-29）。

（2）金属

形体表现特征：延展性强

图 3-30　金属表皮建筑

金属具有较强的延展性，通过加工便可取得想要的形式（如图 3-30）。例如图 3-31 所示的由弗兰克·劳埃德·赖特设计的古根海姆博物馆，该馆在建材方面使用玻璃、钢和石灰岩，部分表面还包覆钛金属，与该市的传统造船业

图 3-31　古根海姆博物馆，1959

遥相呼应。整个建筑形体不规则，借助一套空气动力学使用的电脑软件才得以设计而成。

（3）玻璃

形体表现特征：延展性较弱

玻璃的延展性较弱，一般以玻璃为主要表皮的建筑所表现出的曲线形或不规则形状都是结构框架的变形和平面玻璃的填充（如图 3-32）。例如图 3-33 所示的由妹岛和世、西泽立卫设计的金泽 21 世纪现代艺术博物馆，妹岛和世对此曾说："玻璃是一种前卫而性感的材质，白色则是最基本的色彩，它们都能对光线产生延伸作用，使整

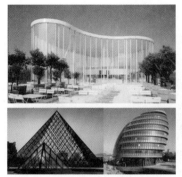

图 3-32　玻璃表皮建筑

图 3-33　金泽 21 世纪现代艺术博物馆，2004

个空间成为同质的空间，我不是为了使用透明而透明。"

（4）木材

形体表现特征：延展性较弱

木材与玻璃相似，本身的延展性较弱，因此木结构建筑一般以规则的形体为主（如图 3-34）。

例如图 3-35 所示的由美国建筑师琼斯（E Fay Jones）设计的索恩克朗教堂，设计者将主体的木结构与周围的树林非常紧密地融合为一体，使在教堂内参加宗教活动的人如置身于树林之中，从而使得心灵与自然相通。

再如图 3-36 所示的由安藤忠雄设计的西班牙世博会日本馆，安藤忠雄对此说道："当我为西班牙——一个具有石材建筑传统的国家举办的世博会设计日本馆时，我的设计意图是：使展馆既能容纳展品，又能对日本文化有所折射。"

图 3-34　木结构建筑

图 3-35　索恩克朗教堂，1981

图 3-36　西班牙世博会日本馆，1992

三 材料与色彩

1. 关联性

色彩是材料对光谱的反射后而被人感知的颜色。不同
的建筑材料具有自身独特的色彩属性。建筑色彩的呈现可
表现为材料的固有色、材料的加工色和材料的技术色三种
性质。

2. 常见材料

常见材料包括玻璃、砖石、金属、木材、混凝土等。

（1）玻璃

色彩表现特征：无色透明，可加工成彩色

玻璃自身的属性是无色透明，但经过加工的彩色玻璃

图 3-37　巴黎圣母院的彩绘
玻璃，1250

与其透明的本质属性共同形成色彩感知。

　　例如图 3-37 所示的巴黎圣母院的玫瑰窗内镶嵌的彩绘
玻璃，在阳光的照耀下，将教堂内部渲染得五彩缤纷、眩
神夺目。在斑驳陆离的光影中，让人有一种到达天堂的神
圣感，极大地烘托出神秘而神圣的宗教气氛。

　　再如图 3-38 所示的余荫山房（又名余荫园，始建于
清代）的卧瓢庐，其中的一面窗户被设计得极具创意：窗
户使用彩绘玻璃，透过它们，可以看到不同的色彩景象；
在同一天，一个房间内可以感受春夏秋冬不同季节的色彩
变化。

图 3-38　余荫山房卧瓢庐的彩绘
玻璃，1871

（2）砖石

色彩表现特征：品种多，色彩丰富

石材的品种很多，色彩丰富。不同种类的石材有不同的明度、纯度、色相和色调，具有很强的视觉表现力。

例如图 3-39 所示的个园（清代扬州盐商黄至筠的私家园林，在原明代"寿芝园"的基础上拓建），该园是运用石头的色彩进行设计创作的典型案例，即运用不同的石头色彩和形态，分别表现春夏秋冬景色，展现出"春山艳冶而如笑，夏山苍翠而如滴，秋山明净而如妆，冬山惨淡而如睡"的诗情画意。

再如图 3-40 所示的圣彼得大教堂，该建筑主体采用未抛光处理的大理石，呈现出亚光且有肌理、粗糙且平整的表面，而建筑内部则采用色彩丰富的大理石，呈现出与玫瑰窗异曲同工的宗教效果。

图 3-39　个园彩石的四季风貌，1818

再如图 3-41 所示的江苏美术馆新馆，该馆整体上采用深浅不一的意大利洞石，显现出天然石材的细微色差，渲染斑驳的历史感。

图 3-40　圣彼得大教堂，1626

图 3-41　江苏美术馆新馆，2008

（3）金属

色彩表现特征：本身单调，但表面处理后丰富

就材料本身而言，金属的色彩并不丰富，但通过各种表面工艺处理可以获得各种色彩效果，因此金属材料在视觉上有很强的表现力。

例如图 3-42 所示的上海世博会阿联酋馆，该馆表面的不锈钢着色为金色，在自然光线下呈现沙漠色，从不同角度观察会显现出不同色泽，酷似沙漠中起伏的沙丘。

再如图 3-43 所示的上海世博会澳大利亚馆，该馆外墙采用耐候钢钢板，随着时间的推移，钢板的颜色日益加深，最终形成浓重的红赭石色，宛如澳大利亚内陆的红土。

图 3-42　上海世博会阿联酋馆，2010

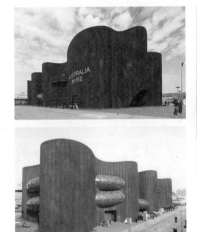

图 3-43　上海世博会澳大利亚馆，2010

再如图 3-44 所示的上海世博会中国馆，该馆裙房部分采用银灰色铝合金表皮，融在环境中，与大多数色彩和谐相处，而顶部的钢架则采用一组从深到浅的"中国红"，醒目跳跃、突出重点。

（4）木材

色彩表现特征：内敛、不张扬

木材的颜色简称材色。不同的树种有不同的木质、不同的材色。但总体来说，木材的色彩是温和、内敛、不张扬。

图 3-44　上海世博会中国馆，2010

例如图 3-45 所示的由意大利建筑师伦佐·皮阿诺（Renzo Piano）设计的吉巴欧文化艺术中心，该中心外观采用同一种木材，并使用木的原色，色调完全统一，表现出独特的地域文化氛围。

再如图 3-46 所示的上海世博会巴西馆，该馆是由数千根长短不一的绿色木条组成，这些木条不对称放置，构成了主体结构。其木结构表现形式源于被誉为国家肖像的"法维拉椅"（如图 3-47，即"贫民窟之椅"，用碎木粘贴挤压而成，代表一种寓意苦乐共存的黑色幽默，具有很典型的巴西人的性格特点），表现出设计者"无序和混沌"的设计理念和巴西底层人民努力超越贫困的生活哲学。

图 3-45　吉巴欧文化艺术中心，1998

图 3-46　上海世博会巴西馆，2010

（5）混凝土

色彩表现特征：浅灰色，包容性强

清水混凝土建筑表皮显示了材料本身的色彩，表现为无彩色系的浅灰色，可以与任何色彩搭配并确保获得协调

图 3-47 法维拉椅

图 3-48 混凝土表皮建筑

的效果，因此清水混凝土的色彩具有很强的包容性（如图3-48）。虽然混凝土加颜色可以调出色彩，但大多数建筑师更偏重于其本身的色彩。

三 材料与肌理

1. 关联性

肌理是材料表面的组织纹理结构，与材料表面的密度、光滑程度、线条变化、光线吸收有关。肌理不仅取决于材料的材质，还与材料的加工和施工方式有关，给人带来的感受包括视觉和触觉两个方面。

2. 常见材料

常见材料包括金属、石材、混凝土、木材等。

（1）金属

肌理表现特征：依据加工工艺

图 3-49 伯明翰塞尔福里奇百货公司，2005

金属可以通过各种加工工艺获得不同的表面纹理。

例如图 3-49 所示的伯明翰塞尔福里奇百货公司，建筑师使用 15000 个经过氧化处理的铝盘覆盖整个表面，鱼鳞一般的表皮拉紧在整个建筑膨胀的外形上，在灰砖形成的城市环境中独树一帜。

再如图 3-50 所示的中国国家大剧院，其壳体由 18000 多块钛金属板拼接而成，其中只有 4 块形状完全一样。钛金属板经过特殊氧化处理，表面极具金属的质感与光泽。

（2）石材

肌理表现特征：丰富的视觉和触觉

石材具有丰富的视觉和触觉激励，不同加工状态的石材会呈现出不同的肌理效果。

例如图 3-51 所示的由齐康、何镜堂设计的南京大屠杀纪念馆，建筑立面采用花岗石板，表面以 50 毫米和 30 毫米两种尺寸开槽，形成两种不同的肌理效果；同时，石材表面通过机剁工艺形成毛糙的竖向纹理，视觉效果强烈，表现出历史的沧桑感和血泪感，给人以极大震撼。

图 3-50   中国国家大剧院，2007

再如图 3-52 所示的瓦尔斯温泉浴场，建筑石材全部来自当地的瓦尔斯峡谷，与周围的环境融于一体。

再如图 3-53 所示的广州图书馆新馆，建筑采用石材幕墙，各个石材大小不一、切角不一，形成不规则但凹凸感强烈的外观。虽然外形简洁但肌理效果丰富，形成立体感极强的建筑形式。

图 3-51　南京大屠杀纪念馆，1985、2007

图 3-52　瓦尔斯温泉浴场，1996

图 3-53　广州图书馆新馆，2012

（3）混凝土

肌理表现特征：由模板决定

因为清水混凝土是通过模板一次性浇筑而成的，所以其表皮感觉是由模板决定的。大块清水混凝土的纹理都是通过预制的特殊模板"印"出来的。

安藤忠雄将原本厚重粗糙的清水混凝土转化为一种精致细腻的纹理，以一种近乎均质的质感体现出来，造就了"安氏混凝土美学"（如图 3-54）。

图 3-54　安氏混凝土美学

图 3-55 所示的是由王澍设计的宁波滕头馆，墙面采用特殊模型成形的清水混凝土墙，毛竹制成的特殊模板留下了一片片江南翠竹纹理，洋溢着浓郁的乡土气息，仿佛置身于古老的街巷，表达出设计师"新乡土主义"的设计理念。

图 3-55　宁波滕头馆，2010

图 3-56　鹿野苑石刻博物馆，2000

　　图 3-56 所示的是由刘家琨设计的鹿野苑石刻博物馆，建筑采用"框架结构 + 清水混凝土与页岩砖组合墙"这一特殊的混成工艺，整个主体部分清水混凝土外壁采用凹凸窄条模板。这种设计既可以形成明确的肌理、增加外墙的质感和可读性，同时，粗犷而较细小的分格可以掩饰由于浇筑工艺生疏而可能产生的瑕疵。

（4）木材

肌理表现特征：直纹理、斜纹理和乱纹理

木材因为年轮、木射线、结疤等要素的影响，在木材纵横切面上呈现出不同的纹理，一般可分为直纹理、斜纹理和乱纹理。

中国传统建筑以木材为主，有抬梁式、穿斗式、井干式三种结构形式，不同的结构形式表现出不同的建筑外观和肌理（如图 3-57）。

图 3-58 所示的是由安藤忠雄设计的日本光明寺。安藤忠雄在真正理解了古代木结构建筑的精髓后，创造性地以现代主义的设计手法，将斗拱加以简化凝练，在建筑中部以一个"类斗拱"构件作为真实的承重体系，外部围以虚化了的围墙，在虚实之间，自然形成了建筑的本质——空间。

图 3-59 所示的是由安藤忠雄设计的木材博物馆。该馆采用四根一组的柱子形式以及用木材底板材贴出外墙的方式，中央是直径 22 米的圆形共享空间，就像罗马万神庙的圆形天窗一样，这使得该馆不仅仅是一个展览设施，也是一个木的神殿。

图 3-57　中国传统建筑

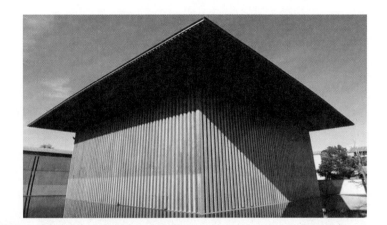

图 3-58   日本光明寺，2000

图 3-59　木材博物馆，1994

四 材料与透明性

1. 关联性

透明首先是指材料的物理属性，例如石头是不透明的、玻璃是透明的。近年来，随着建筑师对材料表现的关注，对于材料透明性的开发与日俱增。材料中以透明性为代表的相关物理属性，随着新技术工艺和施工方式的发展，正在不断被打破；不透明材料的透明化被建筑师关注，并用于建筑设计之中，形成了与传统建筑材料不同的建筑表现形式。

2. 透明形成方式

主要包括材料加工的进步、砌筑方式的变化、材料混合技术进步等。

（1）材料加工的进步

特征：当加工工艺的进步使得石材被切得足够薄的时候，石材亦可呈现出半透明性。

例如图 3-60 所示的由美国建筑师戈登·邦夏（Gordon Bunshaft）设计的耶鲁大学贝内克珍本图书馆，该馆在外立面的框架中选用了维芒特大理石作为填充材料，

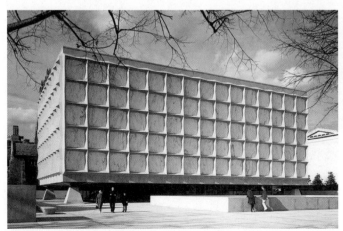

图 3-60　耶鲁大学贝内克珍本图书馆，1963

约 2.5m×2.5m 的大小保持了外观上的纯净。得益于现代加工技术，这样尺寸的大理石切出了不足 3 厘米的厚度，从而使其呈现一种半透明的光学属性，获得了独特的空间效果。

再如图 3-61 所示的德意志联邦银行新区域总部，建筑师采用 15 毫米厚的雪花板，并在两侧辅以透明玻璃作为南立面的围护结构，形成半透明的南立面。一片片雪花板仿佛漂浮于空中，雪天时可随着光线渗透出来的雪花状纹理与周围环境融为一体。

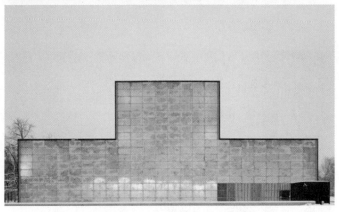

图 3-61　德意志联邦银行新区域总部，2004

（2）砌筑方式的变化

特征：通过对不透明材料的加工和砌筑方式的变化，实现建筑表皮的半透明化。

例如图 3-62 所示的由隈研吾设计的石材博物馆，该馆材料的半透明性完全来自厚度上的减少。白色卡拉拉大理石条被加工成薄石片，从中透进柔和的光线。在阳光的照耀下，大理石的纹理在石头的砌缝间变得如此清晰，证明自己不同于半透明玻璃的均质表面，同时反衬了周围材料半透明的程度。

图 3-62　石材博物馆，2003

再如图 3-63 所示的由赫尔佐格 & 德默隆（Herzog & De Meuron）设计的多米勒斯葡萄酒厂，建筑师通过对石材几乎不经加工的使用，将材料还原至原初状态。就光的效果而言，墙作为整体此时呈现出一种半透明的效果。外墙由两种材料构成：自然状态的石头、盛装石头用的金属框。作为外墙真正的支撑结构的金属框架有三种尺寸，三种等级的石块对应于三种格网，从而形成了石墙的三种密度，不同密度呈现出不同程度的透明效果。

图 3-63　多米勒斯葡萄酒厂，1998

（3）材料混合技术进步

特征：通过普通不透明材料与透明材料的混合，实现建筑表皮的半透明化。

例如图 3-64 所示的上海世博会意大利馆，该馆采用普通混凝土和玻璃纤维混合的半透明新材料，同时利用各种成分的比例变化达到不同透明度的渐变。光线透过不同玻璃质地的透明混凝土照射进来，营造出梦幻的色彩效果。

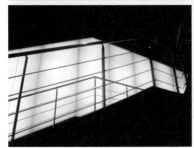

图 3-64　上海世博会意大利馆，2010

一 建构的视野与思考方法

1. 什么是建构

从词源学上来看，建构是一个物质性名词，与技术密切关联；同时建构绝不仅仅是一种技术表现，并不是简单地表现构造。材料、构造、形式是彼此相关的，而空间是与建构同时产生的。

词源	建构 Tectonic，源于希腊文 Teckon	意为"木匠"或"建造者"；与之相应的动词指"木工工艺"和"斧工活动"。
词源	古希腊《荷马史诗》	《荷马史诗》中用来指称"构造艺术"。 关于"建构"诗性的内涵，最早出现在古希腊诗人萨福（Sappho）的诗中，木工匠人扮演着诗人的角色。 到 15 世纪，"建构"进一步从某些特别的体力工作（如木匠活）发展到更具一般性的制作概念。
理论追溯	德国人卡尔·奥特弗里德·缪勒（Karl Otfried Muller）的《艺	通过对一系列艺术形式的分析，试图澄清"建构"的意义。 器皿、瓶饰、住宅人的聚会场所，它们的形成和发展一方面取决于其实用性，另一方面取决于与情感和艺

続表

理论追溯	术考古学手册》，最先在建筑中使用"建构"	术概念的一致性，我们将这一系列活动称为"建构"，而它的顶点就是建筑（Architecture）通过对满足基本需求的提升表达最深厚的情感。
	G·森佩尔（Gottfried Semper）的《建筑艺术四元素》	1851年伦敦博览会看到加勒比地区的茅屋实物模型后，森佩尔提出原始住宅的四个基本元素：基础、炉膛、框架、轻质围合。将建造技艺分为轻质、线形构件组成的用于围合空间体的框架体系、通过厚重构件的重复砌筑而形成的具有厚度和体量感的土石砌筑这两种基本模式。
文化研究		通过重新思考空间创造所必需的结构和构造方式，传递和丰富人们对建筑空间的认识。不仅仅是建构的技术问题，更多的是建构技术潜在的表现可能性问题。建构是结构的诗意表现，不属于任何特定的风格。

2. 建筑师说建构

在作品中表现出对地方做法的情有独钟，各种细部体现了关于建造方法非凡的想象力。弗兰克·劳埃德·赖特认为："想象力的限制只能是建造的限制。"赖特的有机结构形式在约翰逊制蜡公司总部办公楼（如图3-65）具体体现为长而细的蘑菇状柱子，顶端相互连接，形成稳定的结构体系，四周用实墙围合。

对钢与玻璃两种工业化材料进行精心雕琢，密斯·凡·德·罗作品的建构特征表现在对构造的强调以及将建造视为一种诗意的行为上（如图3-66）。

路易斯·康的作品体现了清晰的建造逻辑（如图3-67）。他将材料的作法与空间的目的相关联，并表现

图3-65 约翰逊制蜡公司总部办公楼，弗兰克·劳埃德·赖特，1939

图 3-66　范斯沃斯住宅，密斯·凡·德·罗，1950

构造层次，成为其标志性外观的逻辑主线。如同所有艺术一样，建筑也应该保留那些能够揭示事物建造过程的痕迹。建筑需要表现建造方式，这一观念应该在建筑界深入人心，贯彻在建筑师、工程师、施工单位以及手工艺者等不同行业的具体行动之中。路易斯·康坚信，建构性结构（Tectonic Structure）不可等同于批量化的产品形式与类型，应始终将表现建构元素的特征放在首要地位。

图 3-67　金贝儿美术馆，路易斯·康，1972

图 3-68　卡诺瓦雕塑博物馆扩建，卡洛·斯卡帕，1955

森佩尔认为，建构即将"呆板的、以条状（或杆状）塑造而成的构件组装成一个不可动摇的整体系统的艺术"。

意大利现代主义建筑大师卡洛·斯卡帕（Carlo Scarpa）认为，作品最能体现细部设计的精妙，因为"上帝在细部中"（如图 3-68）。他强调不应把建筑设计当作抽象的图面内容，或是与施工无关的原则，建筑师应是"工匠中的工匠"。

冯纪忠认为，建构包含了构造材料的内容，并考虑到人加工的因素。也就是说，在细部处理时融入人的情感，从而使建构显露出来，组织材料成物并表达感情、透露感情（如图 3-69）。

顾大庆就建构教学设计了一套完整的教学体系（如图 3-70），观察的要点在于材料如何形成空间，以及如何使得空间可以被认知。这个教学设计在建造材料方面，把对不可视空间的体验作为出发点，把建筑设计的本质理解为：通过建造的过程，用材料来塑造空间，所以建构就是有关空间和建造的表达。同时，他确定了三种基本的空间限定要素，即将体块、板片和杆件作为研究对象，进而启发学生去认识要素和空间之间的对应关系。

 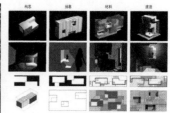

图 3-69　何陋轩，冯纪忠，1986　图 3-70　建构设计方法，顾大庆

3. 为什么建构

（1）建筑活动的本质

顾大庆通过对一个最基本的建造活动来使学生领悟建

图 3-71　理查德医学院，1957

造与空间之间的关系。

　　一个在田间劳作的村妇想将孩子放在一个安全的地方，她选择了田埂边的一块凹地，再用几根树枝搭在上面，便给了孩子一个既安全又遮阳的栖身之处。这个创造空间的过程不是概念的、抽象的，而是具体的、物质的。

　　建造的目的就是创造空间。用材料来搭建以创造空间，这就是建筑活动的本质。从这个最原始的层面上来看，建构和空间应该是同时发生的，两者在建筑活动中是不可分割的统一体，必须借助于实践环节才能完成。

　　（2）建构与空间

　　空间已经成为建筑思维不可分割的组成部分，以至于我们如果不强调主体的时空变化，似乎就无法思考建筑。在此前提下，建构寻求的只是通过重新思考空间创造所必需的结构和构造方式，传递和丰富人们对建筑空间的认识。建筑首先是一种构造，然后才是表皮、体量和平面等更为抽象的东西（如图 3-71）。

4. 建构内涵

（1）建构的定义

建构就是建筑空间和构成空间的物质手段之间的关系，如构成建筑物的各组成部分的组织规律、形式和结构之间的关系、体量空间和表皮之间的关系、建造秩序和知觉秩序之间的关系。顾大庆认为，建构是关于空间和建造的表达。

建构的研究意图是通过对实现它的结构和建造方式的思考来丰富和调和对于空间的优先考量。

（2）建筑形式的表达

建构的 Tectonic	彼得·卒姆托设计的养老院年长者家园（如图3-72），建筑的形式通过材料的运用清楚表达了结构体系关系，它的建造方式是直接可读的。  图 3-72　年长者家园，不详
形象和象征的 Figurative and Symbolic	建筑的形式所表现的是与建筑本身没有直接关系的内容。如上海博物馆（如图3-73）的基本体量体现了"天圆地方"的概念，与建筑本身的结构和功能没有直接的关系。设计者邢同和借建筑的形式表述了一个建筑以外的概念。  图 3-73　上海博物馆，1994

续表

风格派的施罗德住宅（如图3-74）所表达的是一种板的构件的抽象构成。构件表面的涂料掩盖了具体建造的材料和其结构，因此它只能算是一种抽象的和塑型的表达。事实上，它只是一栋砖混结构的建筑。

抽象和塑型的
Abstract and
Plastic

图 3-74　施罗德住宅，1924

5. 结构、建造、建构的思辨

（1）结构与建造的关系

哈佛大学建筑历史与理论家爱德华·赛克勒（Eduard F Sekler）认为，好的结构意味着好的建造（如图3-75），但好的建造不一定导致好的结构，虽然它们必须同时互为对象。

图 3-75　布尔诺火山商业与服务中心，2007（1）

图 3-75 布尔诺火山商业与服务中心，2007（2）

（2）结构、建造、建构的区别

结构	抽 象 的 力 学 系 统	结构是一个有关建筑物的物理力的安排原则，以及系统的、一般的和抽象的概念。
建造	一个技术问题，是手段	建造是结构体系或原则的具体体现，包含选择和处理材料、建筑过程等方面的考虑。
建构	一个形式问题，是目的	当结构概念通过建筑得以实现时，视觉形式将通过一些表现性的特质影响结构。这些表现性特质与建筑中的力的传递和构件的相应布置无关。这些力的形式关系的表现性特质，应该用"建构"一词。

三 建筑师的建构逻辑

1. 材料逻辑（Material）

传统建筑中，这种象征性的符号主要通过建筑的体块、形式、空间、细部等来表达，材料更多作为功能性的结构

图 3-76　纽约世贸中心交通枢纽，2016

材料及围护材料而存在。随着科技的发展，建筑逐步突破了结构及技术的束缚，一些建筑中的材料逐渐从隐性的功能材料变为显性的表现材料，甚至成为建筑形式的主要表现元素（如图 3-76）。

　　对于材料性能的透彻把握是进行建筑设计的首要条件，依循这样的原则，建筑师的发展将如同自然界自身的演化一般。

——维奥莱·勒·迪克

　　"砖，你想成为什么？"

　　"我想成为拱。"

　　"可是拱很贵，我们可以用混凝土来做拱。"

　　"我还是想成为拱。"

——路易斯·康与砖的对话（如图 3-77 至图 3-78）

图 3-77　孟加拉国会大厦，1962

图 3-78　印度管理学院，1962

2. 结构逻辑（Structure）

力的传导是结构设计的基本概念，力的传递路径的通畅性是结构正常运行的保证。在力的传导通过种种结构的形式传递到地基上的过程中，各种构建的支撑和转换是必须的途径。根据构件的受力，决定构件的组织方式，下面举两个例子。

木拱廊桥又名厝桥，因其在桥拱架上建廊屋而得名。又因为其在结构形式上与《清明上河图》中汴水虹桥相似，故又被称为虹桥。

例如图 3-79 所示的木拱廊桥，桥座是用短木重叠而成的，建造时不用钉子而是用绳子捆扎，上面铺设木板构成桥面，桥面两边有木栏杆，造型优美。此外，原本不稳定的拱骨系统，通过插入横木形成超静定体系。

例如图 3-80 所示的工人基督教堂，薄砖墙解决了跨度和高度问题，两片呈波浪状的直纹扭曲面支撑起了大跨度无梁拱顶。墙的轮廓随着高度的变化，从底部的直线变成了顶部的正弦曲线。"节点"是这些构件中一个非常重要的协调部分。通过改变力的传递方式和传递方向，达到力的汇集、分散或保持自我平衡的状态，形成最佳的传力途径。

图 3-79　木拱廊桥

图 3-80　工人基督教堂，1952

3. 建造逻辑（Construction）

"建造"是结构体系或原则的具体体现：同样的结构体系或原则可以通过若干不同的建造材料和手段实现。比如梁柱承重结构是一种通过梁和柱来传递荷载的结构体系，它可以用木、石、钢及混凝土等多种材料来实现。于是，结构这种不可视的原则，通过建造得以实现，再通过建构得到视觉上的表达。建造加入了选择和处理材料、建筑过程等方面的考虑。

建造中装配过程的表现：工业化建筑的装配遵循"先结构、后围合，先主干、后附件"的建造程序，在节点设计中可以强调它们之间的层次关系。在处理表皮的有关连接时，首先需要强调的逻辑就是"维护与支撑的分离"，这不仅是工业化幕墙建造过程的结构，也是现代主义建筑的精神所在。

例如图 3-81 所示的自行车停车棚就展现了结构和材料支持建造的概念——结构、围合、屋盖和楼面的各个构件的相互关系均得到了清晰的表达。

再如图 3-82 所示的安藤忠雄设计的西班牙塞维利亚世博会日本馆，该馆用四根方形木柱作为竖向支撑，在顶

图 3-81　自行车停车棚

图 3-82　塞维利亚世博会日本馆，1992

部采用搭接式的连接方法，将水平向的一层方木相互搭接架起。由下至上，方木的长度逐渐加长，形成一个倒金字塔的结构，向四面悬挑，支撑住屋顶。

4. 建构的"结"点

"结"是一项古老的建造技术，源自于以绳索将不同构件进行"绑扎"的传统。中国古代木结构建筑中基于榫卯技术的"斗拱"就是一种节点处理方法。

在工业化时代，钢、铝为主的金属材料成为了构成"结"的主要材料，工业化的建造方法也代替了完全由熟练工匠进行现场操作的传统建造，使得构建连接节点的精度大大提高，而且不受手工艺水平随机变化的影响。建筑师可以

图 3-83 应县佛宫寺释迦塔，1195

在结构工程师和专业厂家的配合下，对节点进行独特的设计，充分体现艺术与技术相结合的建构精神。

梁思成认为，应把建筑美的原则奠定在合理的功能以及"不加掩饰"地、正确地、忠诚地使用材料及结构的形式上，节点带给建筑的正是这种真实的美。

历史上成熟的木结构体系基本都以线性构件组成结构框架。例如图 3-83 所示的应县佛宫寺释迦塔，材料、构造与结构揭示的是一个完整、透彻的建构系统。立面形态与细部装饰从未脱离这一逻辑体系，没有掩饰材料连接与结构搭建的企图，而是对建造过程进行了诠释与呈现。从檐口、斗栱到檐柱的特征性"缘侧曲线"，完美地展现了木结构体系中最具理性的静力学传递线迹。

三 材料 + 结构 + 建造

下面通过具体案例来阐述矿物之建构、木材之建构、金属之建构、玻璃之建构和竹之建构。

1. *矿物*

（1）宁波历史博物馆（如图 3-84）

材料：竹条模板混凝土、回收旧砖瓦、石材、金属栏杆、木质铺地与座椅。

图 3-84 宁波历史博物馆，2008（1）

图 3-84　宁波历史博物馆，2008（2）

结构：钢筋混凝土正交框架与局部桥梁结构，混凝土衬墙与回收旧砖瓦组合墙体。

建造：非结构性的表皮化运用；外墙垂直又具微妙倾斜：其中垂直处采用瓦爿墙，倾斜处是毛竹模板成型的清水混凝土墙，它利用毛竹板随意开裂后的肌理呈现出一种自然的效果。

（2）瓦尔斯温泉浴场（如图 3-85）

材料：当地出产的灰绿色片麻岩。

结构：瓦尔斯复合石构。

建造：非结构性的表皮化运用；外层砌筑的片岩作为混凝土的外层模板，既充分利用了片岩和混凝土各自的材料属性，又有效地区分了筒体表皮内外两面的不同：筒体内部是封闭而传统的静态空间，而外部是由若干筒体围合并分割的流动而开敞的空间。

图 3-85　瓦尔斯温泉浴场，1996（1）

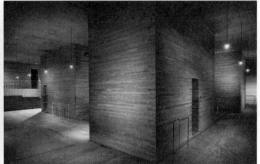

图 3-85　瓦尔斯温泉浴场，1996（2）

2. 木材

（1）汉诺威世博会瑞士馆共鸣箱（如图 3-86）

材料：松木、沥青、钢材。

结构：木条变成了受压砌体，整齐的木条像柴禾一样层层交叉叠放在一起，上下用纤细的钢质拉杆夹住，成为围合空间的墙体；悬挂结构体系：接近双梁墙体顶端两侧的拉杆通过压缩弹簧插入，弹簧则通过垂直预应力使各个木片和横梁各就各位。

建造：木条之间没有使用任何粘结剂或钉子之类的紧固件。作为临时建筑，这些木材还可以回收再利用，完好无损地去兴建另一幢建筑。

（2）圣本尼迪克特礼堂（如图 3-87）

材料：木材。

结构：鱼骨状木龙骨构成的屋顶与柱连接，中部微微拱起，颇似倒扣过来的船体结构。竖向表皮由表层、木龙骨、木夹板和保温材料构成，与木柱在形态上脱开，用金属件连接。节点隐藏于木柱与竖向表皮之间，结构与围护明确分离。

图 3-86　汉诺威世博会瑞士馆，2000

图 3-87　圣本尼迪克特礼堂，1985

建造：在彼得·卒姆托的这一作品中，水滴形平面导致的曲面表皮形态给表皮木材的构造带来一定难度，基本原则是微分——用小尺寸的材料拟合平面曲线。将边长约10 厘米的木片以鱼鳞状排列起来，相互搭接钉在墙身外皮，就像坡屋顶上的瓦片。

（3）终极木屋（如图 3-88）

材料：截面边长 35 厘米的不同长度的木材。

结构：完全舍弃了木头的传统架构方法。虽然这种堆砌的方法有些浪费材料，但因为没对材料做过多处理，还可以回收再利用。

建造：设计师藤本壮介选择一种单一形式的木材，立方体结构，完全由堆积错列在一起的木材组成，连接方式为粘接、金属连接件，创造了一个嵌套的、山洞似的空间。

图 3-88　终极木屋，2001

图 3-89　纸之教堂，1995

（4）纸之教堂（如图 3-89）

材料：纸筒，高密度牛皮纸一次成型（330 毫米直径、15 毫米厚、5 米高）；成本较低的玻璃纤维浪板。

结构：教堂内立柱和长椅均为高密度牛皮纸一次成型，每根立柱的抗压强度达到 6936 公斤，抗弯强度是每平方厘米 85.2 公斤。

建造：设计师坂茂运用成本较低的玻璃纤维浪板，构筑长方形等外墙；构建一个可容纳 80 个座位的椭圆形空间。

3. 金属

（1）沃尔夫信号楼（如图 3-90）

材料：混凝土、铜条。

结构：钢筋混凝土墙体承重的结构在一个方向上层层出挑，使得从底层类似于三角形的用地形状向顶层矩形逐渐转变。在承重墙体上开有若干简单的方窗洞口，以提供室内部分的采光通风。

建造：整齐的铜条（20 厘米宽）横向盘绕于外部，形成建筑外皮，仿佛一个巨大的线圈。

（2）巴塞尔展馆（如图 3-91）

材料：混凝土、铝质材料。

结构：展馆新大厅共三层高，大型体量以及连续的地

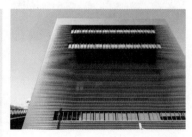

图 3-90　沃尔夫信号楼，1994

图 3-91　巴塞尔展馆，2013

面空间满足了展览空间的使用需要，上方宽阔的圆形开口引入了充足的光线。

建造：在所有外立面中运用了均匀统一的铝质材料。铰接式翘曲板条立面调整并减少了周边区域大型展览体量的规模。这种结构不仅是装饰元素，更是一种调节自然光线落在附近住宅区中的实用手段。

4. 玻璃

布雷根兹美术馆（如图 3-92）

材料：钢框架、混凝土、磨砂玻璃。

结构：由混凝土构成内部空间简约的立方体量，外部

图 3-92　布雷根兹美术馆，1990

被一层由磨砂玻璃构成的鳞状结构单质而均匀地包裹。每一块玻璃的规格都是相同的。混凝土盒体由贯穿所有楼层的三道离散的承重墙支撑，向空间内部提供悬挂艺术品的墙面，同时与混凝土盒体围出三个垂直交通空间。

　　建造：外表皮的每片磨砂玻璃都稍有倾斜，角度经过精确计算，相互之间构成缝隙，却又相互遮挡。每四片磨砂玻璃的交接点由特制的钢夹节点连接，通过这个节点与钢框架发生结构联系。这样的表皮构造，使得自然光线从四面穿过外层玻璃进入每层吊顶上部的残余空间，再通过吊顶的磨砂玻璃进入展厅。顶棚成为一个自然的发光天棚，为展览品提供了柔和的自然光线、平整光洁的背景、适宜的温度以及使其充分展示的机会和场所。

5. 竹

（1）竹别墅（如图 3-93）

材料：竹材、砂浆。

结构：全竹材建筑，以束柱支撑跨度巨大的双坡屋顶。

建造：由于湿度和竹竿直径的变化，任何栓牢的接合部位最后都会松动，加固这些结合部位是一个难题。建筑师在竹竿的中空部填灌砂浆，并用螺栓连接两根竹竿，可以建造更大、更坚固的竹材建筑。

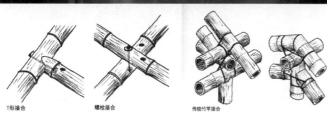

图 3-93　竹别墅

图 3-94　格林维尔的竹园餐厅

（2）格林维尔的竹园餐厅（如图 3-94）

材料：竹材、棕绳。

结构：造型像一把巨大的雨伞。建筑师设计了一系列伞状结构，构成了餐厅的巨大庇护所。这些伞状结构具有不同的高度，可以互相交叠。竹制屋顶可以充当排水系统，通过中间内嵌的管道，将雨水直接排向地下。

建造：竹材通过易于使用且成本低廉的棕绳连接在一起。每个屋顶都由一个支架独立支撑，每个支架由四根竹竿组成，通过竹梁固定在一起。

参考文献

REFERENCES

[1] 詹和平 . 空间 [M]. 南京：东南大学出版社，2006.

[2] 汤洪泉 . 空间设计 [M]. 北京：人民美术出版社，2010.

[3] 程大锦 . 建筑：形式、空间和秩序 [M]. 北京：天津大学出版社，2018.

[4] 刘彦才，刘舸 . 建筑美学构图原理 [M]. 北京：中国建筑工业出版社，2011.

[5] 孟钺 . 室内设计 [M]. 北京：化学工业出版社，2012.

[6] 李朝阳 . 室内空间设计 [M]. 北京：中国建筑工业出版社，2011.

[7] 朱小平 . 室内设计 [M]. 天津：天津人民美术出版社，1990.

[8] 芦原义信 . 外部空间设计 [M]. 南京：江苏凤凰文艺出版社，2017.

[9] 布鲁诺·赛维 . 建筑空间论：如何品评建筑 [M]. 北京：中国建筑工业出版社，2006.

[10] 黑川纪章 . 日本的灰调子文化 [J]. 世界建筑，1981（3）

[11] 董豫赣 . 装折肆态 [J]. 建筑师，2015（10）

[12] 董豫赣 . 文学将杀死建筑 [M]. 北京：中国电力出版社，2007.

[13] 薛春霖 . 布雷和他的"未来"建筑 [J]. 建筑与文化，2015（5）

[14] 汤凤龙 . 几何的建构——赖特、密斯和路易斯·I·康的建筑法则 [D]. 上海：同济大学，2009.

[15] 吴焕加 . 现代西方建筑的故事 [M]. 天津：百花文艺出版社，2005.

[16] 邹瑚莹 . 博物馆建筑设计 [M]. 北京：中国建筑工业出版社，2002.

[17] 勉成 . 布拉格尼德兰大厦，捷克 [J]. 世界建筑，1998（8）

[18] 扬·盖尔 . 交往与空间 [M]. 北京：中国建筑工业出版社，2002.

[19] 彭一刚 . 建筑空间组合论 [M]. 北京：中国建筑工业出版社，2008.

[20] 芦原义信 . 外部空间设计 [M]. 南京：江苏凤凰文艺出版社，2017.

[21] 管沄嘉 . 环境空间设计 [M]. 沈阳：辽宁美术出版社，2011.

[22] 高桥鹰志 . 环境行为与空间设计 [M]. 北京：中国建筑工业出版社，2006.

[23] 任戬 . 形态构成·行为·空间 [M]. 沈阳：辽宁美术出版社，2014.

[24] 勒·柯布西耶 . 走向新建筑 [M]. 南京：江苏凤凰科学技术出版社，2014.

[25] 李睿煊 . 从空间到场所 [M]. 大连：大连理工大学出版社，2009.

[26] 克里斯蒂安·诺伯舒兹 . 场所精神——迈向建筑现象学 [M]. 武汉：华中科技大学出版社，
2010.

[27] 隈研吾 . 场所原论 [M]. 武汉：华中科技大学出版社，2014.

[28] 希格弗莱德·吉迪恩 . 空间·时间·建筑 [M]. 武汉：华中科技大学出版社，2014.

[29] 徐纯一 . 光在建筑中的安居 [M]. 北京：清华大学出版社，2010.

[30] 原广司 . 世界聚落的教示 100[M]. 北京：中国建筑工业出版社，2003.

[31] 荆其敏，张丽安 . 建筑环境设计 [M]. 天津：天津大学出版社，2010.

[32] 毛白滔 . 建筑空间解析 [M]. 北京：高等教育出版社，2008.

[33] 林宪德 . 绿色建筑 [M]. 北京：中国建筑工业出版社，2011.

[34] 杨柳 . 建筑气候学 [M]. 北京：中国建筑工业出版社，2010.

[35] 鲁道夫·阿恩海姆 . 艺术与视知觉 [M]. 北京：中国社会科学出版社，1984.

[36] 彼得·卒姆托 . 建筑氛围 [M]. 北京：中国建筑工业出版社，2010.

[37] 维特鲁威 . 建筑十书 [M]. 北京：知识产权出版社，2000.

[38] 约翰·罗贝尔 . 静谧与光明：路易·康的建筑精神 [M]. 北京：清华大学出版社，2010.

[39] 安藤忠雄 . 建筑家安藤忠雄 [M]. 北京：中信出版社，2011.

[40] 加斯特 . 路易斯·I·康：秩序的理念 [M]. 北京：中国建筑工业出版社，2007.

[41] 张鲲 . 气候与建筑形式解析 [M]. 成都：四川大学出版社，2010.

[42] 张国强 . 建筑可持续发展技术 [M]. 北京：中国建筑工业出版社，2009.

[43] 布莱恩·布朗奈尔. 建筑设计的材料策略 [M]. 南京：江苏科学技术出版社，2014.

[44] 麻省理工学院. 圣地亚哥·卡拉特拉瓦与学生的对话 [M]. 北京：中国建筑工业出版社，
     2003.

[45] 史永高. 材料呈现 [M]. 南京：东南大学出版社，2008.

[46] 江湘芸. 设计材料及加工工艺 [M]. 北京：北京理工大出版社，2010.

[47] 褚冬竹. 巴别塔上的那块砖——材料的角色及其未来 [J]. 城市建筑，2011（5）

[48] 多相工作室. 材料系统的观念 [J]. 城市建筑，2011（5）

[49] 芮钧. 材料之于设计 [J]. 饰，2004（2）

[50] 李云霞等. 光——一种特殊的建筑材料 [J]. 北华航天工业学院学报，2007（10）

[51] 李楚婧. 寻找实质建筑——解读阿尔贝托·坎波·巴埃萨 [D]. 上海：同济大学，2008.

[52] 弗兰姆普敦. 建构文化研究论 19、20 世纪建筑的建造诗学 [M]. 北京：中国建筑工业出
     版社，2007.

[53] 赵广超. 不只中国木建筑 [M]. 北京：中华书局，2018.

[54] 德普拉泽斯. 建构建筑手册 [M]. 大连：大连理工大学出版社，2007.

[55] 顾大庆. 空间建构与设计 [M]. 北京：中国建筑工业出版社，2011.

[56] 马进. 当代建筑构造的建构解析 [M]. 南京：东南大学出版社，2005.

[57] 布鲁托. 竹材建筑与设计集成 [M]. 南京：江苏科学技术出版社，2014.

[58] 郑小东. 传统材料 当代建构 [M]. 北京：清华大学出版社，2014.